oficina de textos

Daniel Miranda dos Santos

projeto estrutural por bielas e tirantes

1 reimpressão 2022

Grafia atualizada conforme o Acordo Ortográfico da Língua Portuguesa de 1990, em vigor no Brasil desde 2009.

CAPA E PROJETO GRÁFICO Malu Vallim
DIAGRAMAÇÃO Luciana Di Iorio
PREPARAÇÃO DE FIGURAS Victor Azevedo
PREPARAÇÃO DE TEXTOS Hélio Hideki Iraha
REVISÃO DE TEXTOS Natália Pinheiro Soares
IMPRESSÃO E ACABAMENTO BMF gráfica e editora

Dados Internacionais de Catalogação na Publicação (CIP)
(Câmara Brasileira do Livro, SP, Brasil)

Santos, Daniel Miranda dos
Projeto estrutural por bielas e tirantes / Daniel Miranda dos Santos. -- 1. ed. -- São Paulo : Oficina de Textos, 2021.

ISBN 978-65-86235-29-6

1. Engenharia I. Título.

21-75220 CDD-620

Índices para catálogo sistemático:
1. Engenharia 620
Aline Graziele Benitez - Bibliotecária - CRB-1/3129

Rua Cubatão, 798
CEP 04013-003 São Paulo Brasil
tel. (11) 3085-7933
www.ofitexto.com.br e-mail: atend@ofitexto.com.br

“There is nothing more practical than a simple theory.”
Robert Maillart

À minha família, que sempre me apoiou, em especial à minha mãe, Célia, à minha esposa, Priscila, e aos meus filhos, Gabriel, Letícia e Matheus.

SUMÁRIO

1

INTRODUÇÃO E BASES TEÓRICAS

Modelos de bielas e tirantes e campos de tensões são fundamentados no teorema estático da teoria da plasticidade e permitem o dimensionamento e o detalhamento de estruturas de concreto estrutural. Essa ferramenta de cálculo, baseada em observações cuidadosas do comportamento das estruturas de concreto e em diversos ensaios experimentais, tem clareza e grande aplicabilidade, devendo fazer parte da "caixa de ferramentas" de todo projetista estrutural.

Os modelos de bielas e tirantes foram um marco no que diz respeito ao modo racional e adequado de tratar o dimensionamento e o detalhamento das armaduras em elementos especiais de concreto. Antes disso, o detalhamento das regiões denominadas especiais era realizado de forma empírica e com detalhes padrões que se baseavam na experiência dos engenheiros estruturais. No entanto, essas regiões eram as causas mais frequentes de acidentes estruturais.

O insucesso de algumas soluções, aliado à simplicidade dos modelos de bielas e tirantes, em uma época em que soluções complexas eram difíceis ou impossíveis de se obter, permitiu o rápido sucesso do método. Atualmente, existem modelos sofisticados de análise e ferramentas computacionais que permitem a sua aplicação em projetos, entretanto modelos de bielas e tirantes continuam extremamente importantes, pois permitem a análise do fluxo de forças e o correto detalhamento das estruturas de concreto, o que nem sempre é possível ao se utilizarem modelos complexos, que obscurecem o entendimento.

Por outro lado, modelos complexos – ou científicos, como definido por Schlaich (1991) – podem servir para validar ou orientar um modelo de bielas e tirantes. Pode-se utilizar conceitos de modelos hierárquicos para ajustar o melhor modelo de bielas e tirantes para uma determinada situação. Contudo, essa análise não é, normalmente, uma tarefa do engenheiro estrutural durante o projeto de uma estrutura, exceto no caso de elemento ou região especial muito complexo que exija uma avaliação mais refinada ou a confirmação de alguma suspeita em relação ao modelo adotado.

1.1 Fundamentos da teoria da plasticidade

1.1.1 Comportamento do material (equação constitutiva)

Material rígido-plástico

O material plástico é caracterizado por deformações irreversíveis quando o carregamento é removido e a tensão no material é reduzida a zero.

Um material dito rígido-plástico, que é um material idealizado, é aquele em que só ocorrem deformações plásticas. Enquanto a tensão no material for menor que a tensão de escoamento (f_y), não haverá deformação, e, ao atingir esse valor, as deformações não são contidas, caso a tensão seja mantida. O diagrama tensão-deformação de um material rígido-plástico é mostrado na Fig. 1.1.

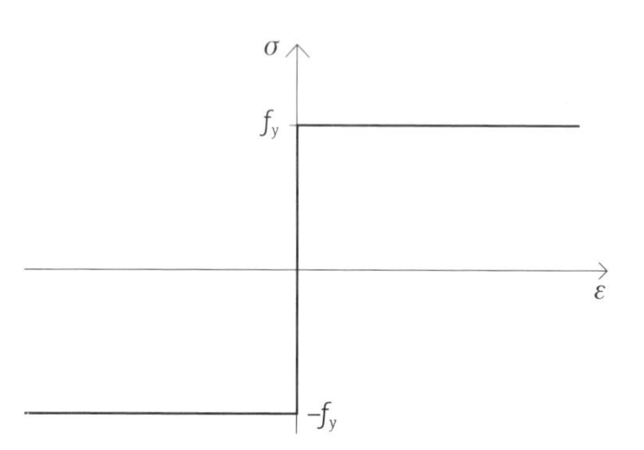

Fig. 1.1 *Diagrama tensão-deformação de material idealizado rígido-plástico*

Na teoria da plasticidade, é muito comum a utilização de materiais rígido-plásticos. Embora idealizados, materiais em que as deformações plásticas são muito maiores que as deformações elásticas podem ser tratados como sendo rígido-plásticos para a análise de estado-limite último (ELU).

Material elástico linear e perfeitamente plástico

A diferença de um material rígido-plástico para um material elastoplástico é que a resposta é elástica quando a tensão no material é menor que a tensão de escoamento.

Em um material elástico, a relação entre tensão e deformação é única, o que significa que não importa o histórico de carregamento. Se o carregamento é retirado e a tensão é reduzida a zero, o corpo deformável volta a seu formato original.

Se um material elastoplástico é submetido a um carregamento em que a tensão de escoamento é alcançada, ocorrem deformações plásticas irreversíveis. Se esse carregamento é retirado, apenas as deformações elásticas são revertidas, conforme a Fig. 1.2.

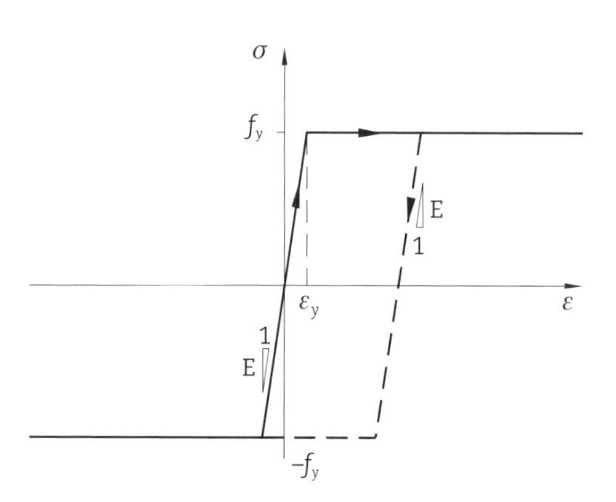

Fig. 1.2 *Diagrama tensão-deformação de material elastoplástico bilinear*

As barras de aço são usualmente consideradas com comportamento elástico linear com patamar de escoamento, como indicado na Fig. 1.2, desprezando-se o aumento de tensão devido ao endurecimento por plastificação.

1.1.2 Sistemas elastoplásticos

Sistema de barras com um grau de hiperestaticidade

As três barras mostradas na Fig. 1.3a são ligadas por um elemento "infinitamente rígido". Considera-se que as barras são prismáticas e homogêneas, têm a mesma área de seção transversal A e são constituídas de material com comportamento elastoplástico perfeito, conforme a Fig. 1.3b. O sistema de barras, livre de tensões iniciais, será analisado para um determinado histórico de carregamento, e em cada fase (Fig. 1.4) será determinado o deslocamento no ponto 4 associado à força F.

A equação de equilíbrio fornece:

$$\sum \vec{F} = 0 \Rightarrow N_1 + N_2 + N_3 = F$$
$$\sum M^4 = 0 \Rightarrow N_1 = N_3 \tag{1.1}$$

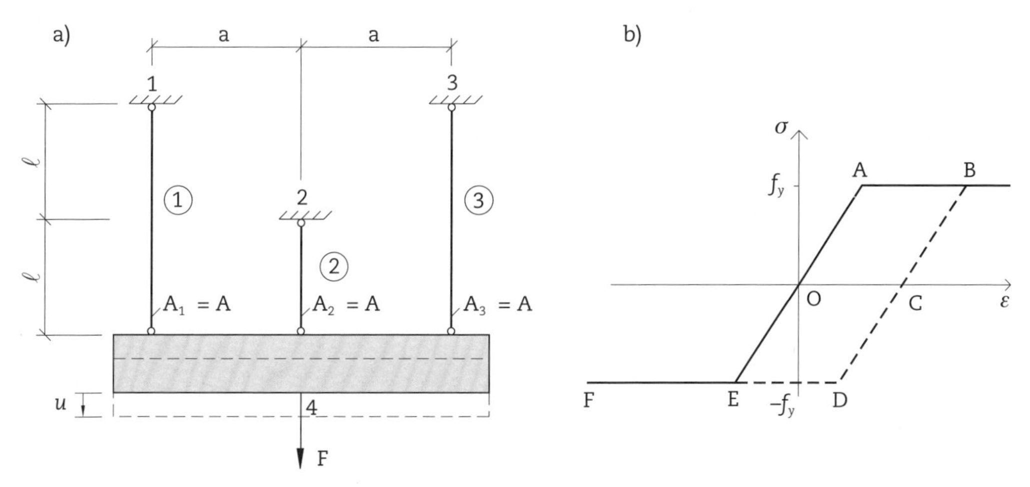

Fig. 1.3 *Sistema estrutural*

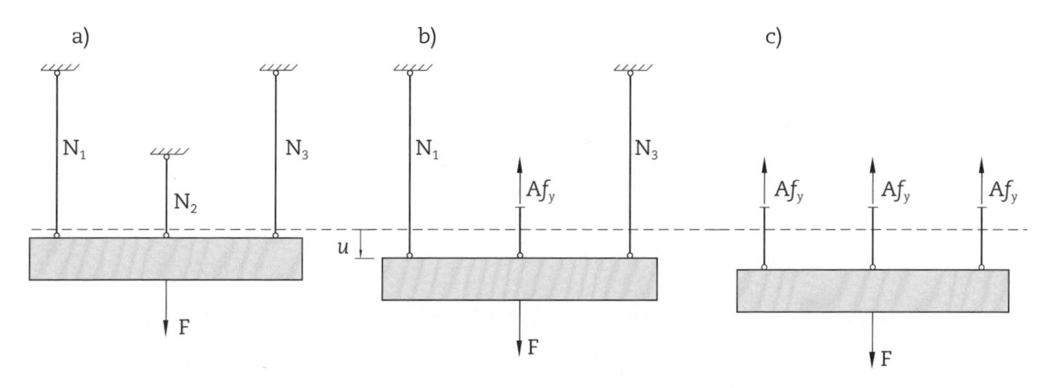

Fig. 1.4 *Fases do sistema elastoplástico: a) fase elástica, b) fase elastoplástica e c) fase plástica*

A condição de compatibilidade do sistema é:

$$\delta_1 = \delta_2 = \delta_3 = u \tag{1.2}$$

em que:

δ_i é o deslocamento da i-ésima barra;

u é o deslocamento do sistema de barras.

As Eqs. 1.1 e 1.2 são válidas durante todo o carregamento.

a. Fase elástica: $F < F_y$

Estando o sistema virgem (ou seja, livre de tensões iniciais), as equações constitutivas são:

$$\delta_{i=} \frac{N_i \ell_i}{EA} \tag{1.3}$$

em que:

N_i é a força normal na i-ésima barra;

ℓ_i é o comprimento da i-ésima barra;

E é o módulo de elasticidade do material;

A é a área da seção transversal.

Combinando as Eqs. 1.1, 1.2 e 1.3, têm-se:

$$\begin{gathered} N_1 = N_3 = \frac{N_2}{2} = \frac{F}{4} \Rightarrow N_2 = \frac{F}{2} \\ u = \frac{N_i \ell_i}{EA} = \frac{F\ell}{2EA} \end{gathered} \tag{1.4}$$

b. Estado-limite elástico: $F = F_y$

O estado-limite elástico é caracterizado pelo início do escoamento de ao menos uma das barras. No exemplo em questão, a barra 2 assume $N_2 = Af_y$.

Com o auxílio das Eqs. 1.4, têm-se:

$$\begin{gathered} F_y = 2Af_y \\ u_y = \frac{N_2 \ell}{EA} = \frac{f_y \ell}{E} \end{gathered} \tag{1.5}$$

c. Fase elastoplástica: $F_y < F < F_p$

Durante a fase elastoplástica, $N_2 = Af_y$. O sistema se torna isostático, a barra 2 mantém força constante e as Eqs. 1.3 e 1.4 não são mais válidas.

A fase elastoplástica é caracterizada pelas equações:

$$\delta_1 = \frac{N_1 2\ell}{EA} = \delta_3 = \frac{N_3 2\ell}{EA}$$
$$N_2 = Af_y \quad (1.6)$$

Combinando as Eqs. 1.6 com as Eqs. 1.1 e 1.2, têm-se:

$$N_1 = N_3 = \frac{(F - Af_y)}{2}$$
$$u = \frac{N_i \ell_i}{EA} = \frac{(F - Af_y)\ell}{EA},\ i = 1 \text{ ou } 3 \quad (1.7)$$

d. Estado-limite último: $F = F_p$

O estado-limite último é caracterizado pelo fim da fase elastoplástica (ponto B na Fig. 1.5), ou seja, $N_1 = N_2 = N_3 = Af_y$ e $F = F_p$. Com o auxílio das Eqs. 1.7, têm-se:

$$F_p = 3Af_y$$
$$u_p = \frac{(F_p - Af_y)\ell}{EA} = \frac{2f_y\ell}{E} \quad (1.8)$$

A determinação da força última ($F_p = 3Af_y$) independe do histórico de carregamento e, nesse momento, a condição cinemática (condição de compatibilidade) é que a estrutura se tornou um mecanismo (a estrutura se tornou hipostática) e não suporta incremento da força F. Por outro lado, o deslocamento pode aumentar, teoricamente, sem limites. Na prática, o material sofrerá alguma fratura e haverá o colapso da estrutura.

É interessante observar que, após atingir o limite elástico ($F_y = 2Af_y$), a força pode ser aumentada em 50% até $F_p = 3Af_y$, enquanto o deslocamento dobra. A barra 2 experimenta um alongamento plástico igual a $u_y = f_y \ell / E$.

A fase elastoplástica também é chamada de fase de deformações plásticas contidas, enquanto a fase plástica, em que a força-limite é atingida, é chamada de fase de deformações plásticas não contidas.

e. Processo de carregamento arbitrário

A linha OAB na Fig. 1.5 representa o carregamento discutido até aqui. Caso se considere que a força $F_p = 3Af_y$ foi mantida até o sistema ter deslocamento plástico adicional de $u_y = f_y \ell / E$, tem-se a linha BC. A linha OA é

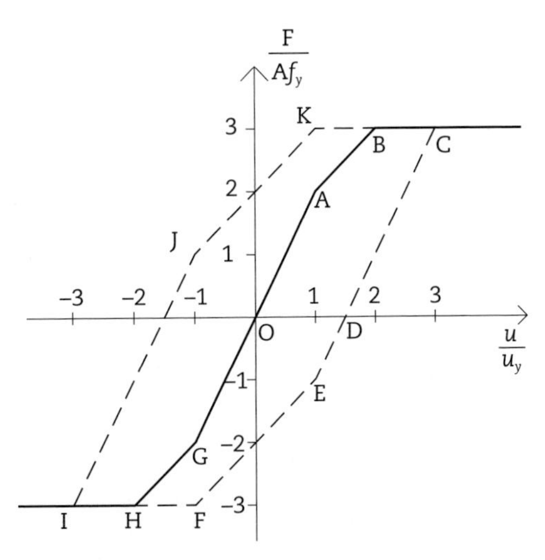

Fig. 1.5 *Influência do processo de carregamento nos deslocamentos*

a fase elástica, em que as três barras estão em regime elástico e contribuem para a rigidez do sistema. A linha AB é a fase elastoplástica, em que a barra 2 está em regime plástico e não contribui para a rigidez do conjunto. A linha BC é a fase plástica, em que o sistema não tem rigidez.

Se a força é completamente removida, o ponto se move através da linha CD, paralela a OA, até o ponto D. A resposta da estrutura é elástica e a variação de forças normais e de deslocamento pode ser determinada com o auxílio das Eqs. 1.4 assumindo que foi aplicada uma força $F = -F_p$, ou seja:

$$\Delta N_1 = \frac{\Delta N_2}{2} = \Delta N_3 = \frac{-3Af_y}{4} \Rightarrow \Delta N_2 = \frac{-3Af_y}{2}$$
$$\Delta u = \frac{\Delta N_i \ell_i}{EA} = \frac{-3f_y \ell}{2E} \tag{1.9}$$

Logo, as forças normais e o deslocamento no descarregamento são:

$$N_1 = N_3 = \frac{Af_y}{4} \therefore N_2 = -\frac{Af_y}{2}$$
$$u = \frac{3f_y \ell}{2E} \tag{1.10}$$

O resultado é que, após a remoção da força, esforços normais residuais autoequilibrados (uma vez que F = 0) permanecem nas barras. Esse estado é chamado de estado restringido (Fig. 1.6).

Se for aplicada ao sistema uma força contrária até que a barra 2 atinja o limite elástico, será obtida a linha DE da Fig. 1.5. O ponto E é obtido impondo $N_2 = -Af_y$, ou seja, $\Delta N_2 = -0{,}5Af_y$, logo:

$$N_1 = N_3 = 0 \therefore N_2 = -Af_y \therefore F = -Af_y$$
$$\Delta u = \frac{-f_y \ell}{2E} \therefore u = \frac{f_y \ell}{E} \tag{1.11}$$

A subsequente fase elastoplástica é paralela à linha AB e é obtida até que todas as barras atinjam o limite de compressão, isto é, a tensão nas barras 1 e 3 é igual a $-f_y$. Dessa forma, o ponto se move pela linha EF e obtém-se o ponto F, que é o fim da fase elastoplástica. O ponto F tem as coordenadas ($a/a_y = -1$, $F/Af_y = -3$).

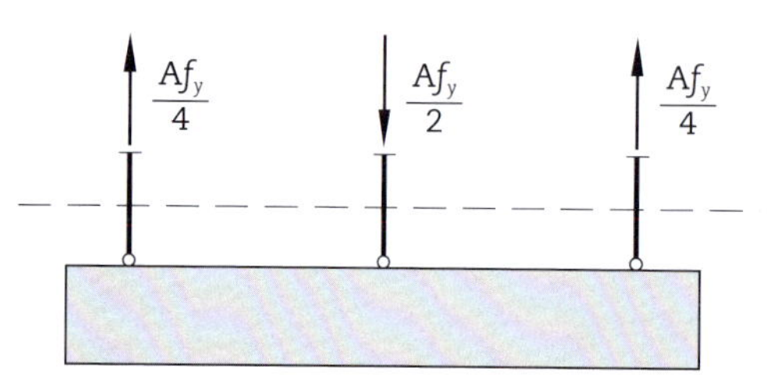

Fig. 1.6 *Estado restringido após a plastificação por tração (ponto D)*

Na Fig. 1.5, a linha FH representa a fase de deformações plásticas não contidas até o ponto em que o deslocamento é igual ao de um sistema em que a aplicação da força $F = -F_p$ foi feita a partir do sistema virgem. As linhas HIJKB são equivalentes a BCEFH.

A eventual instabilidade das barras em compressão foi excluída da análise. A Fig. 1.7 mostra as variações dos esforços normais nas barras.

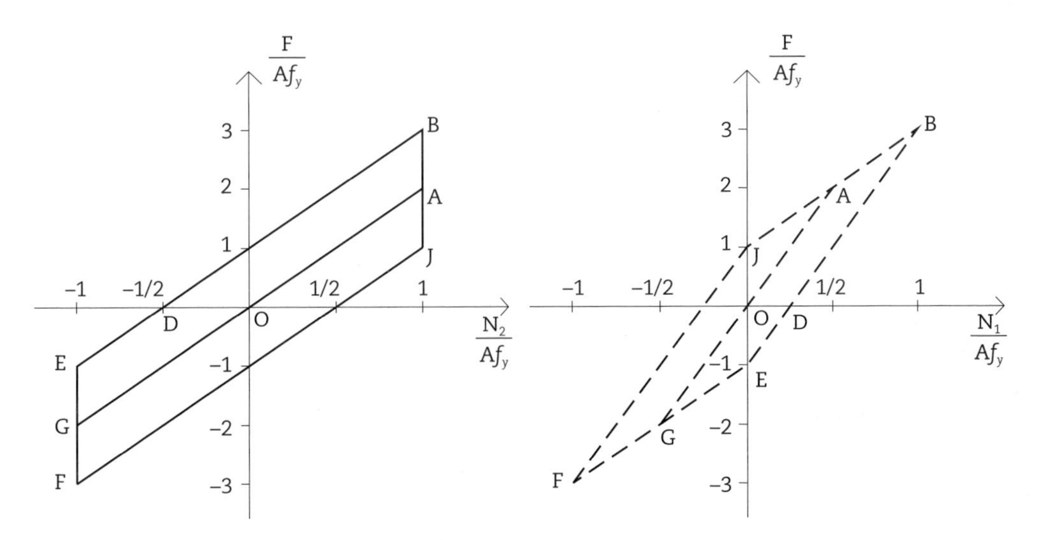

Fig. 1.7 *Influência do processo de carregamento nas forças normais das barras*

É interessante observar que o limite elástico de um sistema anteriormente deformado plasticamente em tração é obtido no ponto E da Fig. 1.5, com força de compressão $F = -Af_y$. Se o sistema tivesse sido comprimido a partir de um estado sem tensões prévias, o limite elástico seria o ponto G, ou seja, $F = -2Af_y$. A redução (em módulo) do limite elástico como resultado de deformações plásticas na direção oposta é conhecida por efeito Bauschinger. A redução da rigidez associada ao efeito Bauschinger é mais importante em problemas relacionados aos efeitos de segunda ordem.

Momento-curvatura de viga de seção retangular em flexão

A seção retangular mostrada na Fig. 1.8 é submetida a flexão em torno do eixo y. O material da seção é assumido elastoplástico perfeito, conforme o exemplo anterior (Fig. 1.3b). Assumindo que a seção permanece plana após a deformação, tem-se a seguinte condição de compatibilidade:

$$\varepsilon = \kappa z \tag{1.12}$$

A condição de equilíbrio da seção é dada por:

$$M = \int \sigma z dA$$

A fase elástica é caracterizada por $\sigma = E\varepsilon$ e $M = EI\kappa$, com $I = bh^3/12$. Assumindo que o momento é aplicado de forma monotônica em uma seção livre de tensões iniciais, o fim da fase elástica é dado por:

$$\kappa_y = \frac{2f_y}{Eh}$$
$$M_y = \frac{bh^2}{6} f_y = Wf_y \tag{1.13}$$

em que:

$W = I/(h/2)$ é o módulo elástico da seção.

A fase elastoplástica é caracterizada por:

$$\kappa = \frac{f_y}{E\alpha h}$$
$$M = \left(\frac{bh^2}{4} - \frac{b\alpha^2 h^2}{3}\right) f_y, \quad \frac{1}{2} \leq \alpha \leq 0 \tag{1.14}$$

A relação entre M e κ é dada por:

$$\frac{M}{M_y} = \frac{3}{2} - \frac{\kappa_y^2}{2\kappa^2} \tag{1.15}$$

Quando $\kappa \rightarrow \infty$, a resistência plástica da seção é atingida, logo:

$$M_p = \frac{bh^2}{4} f_y = Zf_y = \lambda M_y \tag{1.16}$$

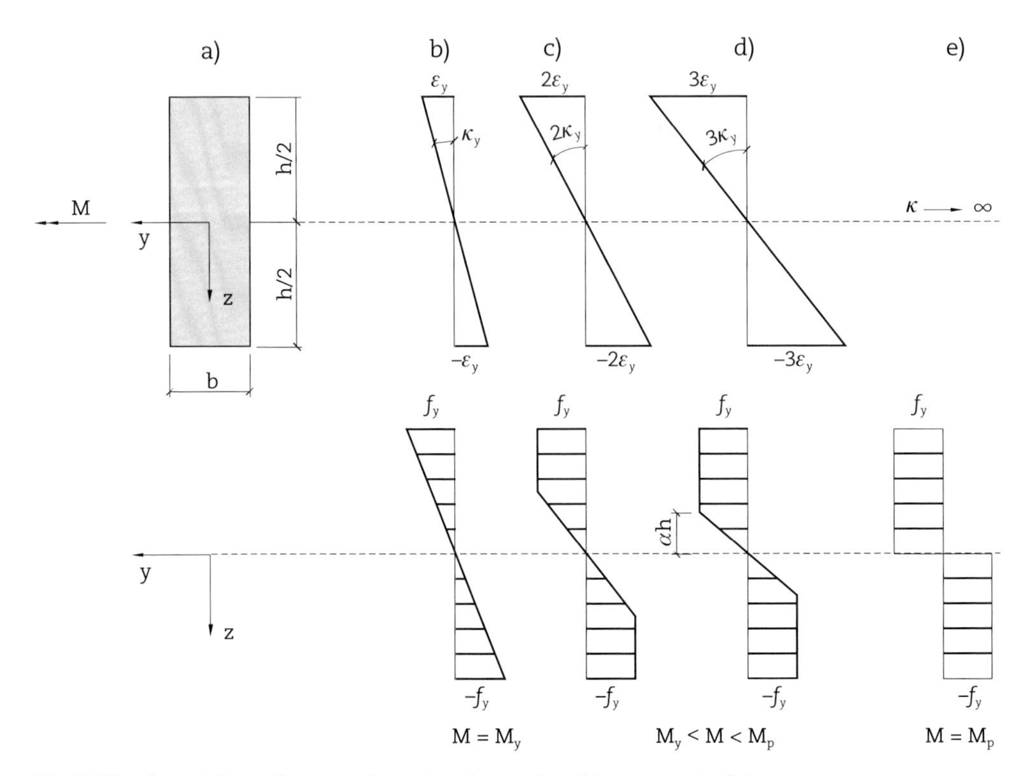

Fig. 1.8 *Tensões e deformações em seções retangulares submetidas a momento fletor*

em que:

Z é o módulo plástico e $\lambda = Z/W$ é o fator de forma da seção transversal. No caso da seção transversal retangular, $\lambda = 1{,}5$.

O diagrama momento-curvatura bilinear (fator de forma $\lambda = 1$) mostrado na Fig. 1.9 por OA'B' é uma aproximação muito empregada na prática. A utilização desse diagrama subestima os deslocamentos, entretanto o comportamento também é influenciado pelo endurecimento plástico (*strain hardening*) do material. Essa aproximação permite assumir rótulas plásticas ideais que tornam os cálculos mais simples.

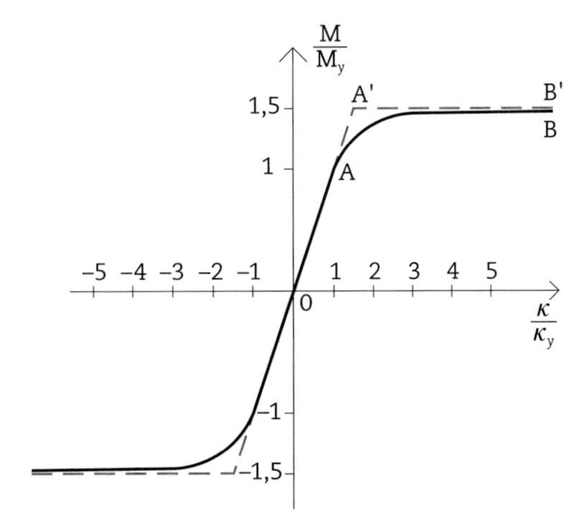

Fig. 1.9 *Diagrama momento-curvatura de uma viga com material elastoplástico*

Viga biengastada

A Fig. 1.10 mostra uma viga biengastada com carregamento uniforme (p). É assumido que inicialmente, para $p = 0$, a viga está livre de tensões residuais e que o diagrama momento-curvatura é bilinear para todas as seções. A carga (p) é aumentada monotonicamente até que os momentos fletores nas duas extremidades atinjam o limite M_p, ou seja:

$$-M_p = -\frac{pL^2}{12} \Rightarrow p = p_y = \frac{12M_p}{L^2} \tag{1.17}$$

Nessa fase, a viga reage de forma elástica com momento mínimo nas extremidades igual a $-pL^2/12$ e momento máximo no meio do vão igual a $pL^2/24$.

A partir do diagrama M-κ, pode-se concluir que as extremidades não permitem incrementos de momentos, mas permitem acréscimos na curvatura. Isso significa que rótulas plásticas são formadas nas extremidades para incrementos de carga Δp e que a viga reage como uma viga biapoiada cujo momento máximo no meio do vão é igual a $\Delta pL^2/8$.

O fim da fase elastoplástica ($p = p_r$) ou o estado-limite ocorre quando o momento no meio do vão também atinge o limite plástico e a viga se torna um mecanismo.

$$\frac{M_p}{2} + \frac{\Delta pL^2}{8} = M_p \Rightarrow \Delta p = \frac{4M_p}{L^2} \tag{1.18}$$

e a carga última é:

$$p_r = p_y + \Delta p = \frac{12M_p}{L^2} + \frac{4M_p}{L^2} = \frac{16M_p}{L^2} \tag{1.19}$$

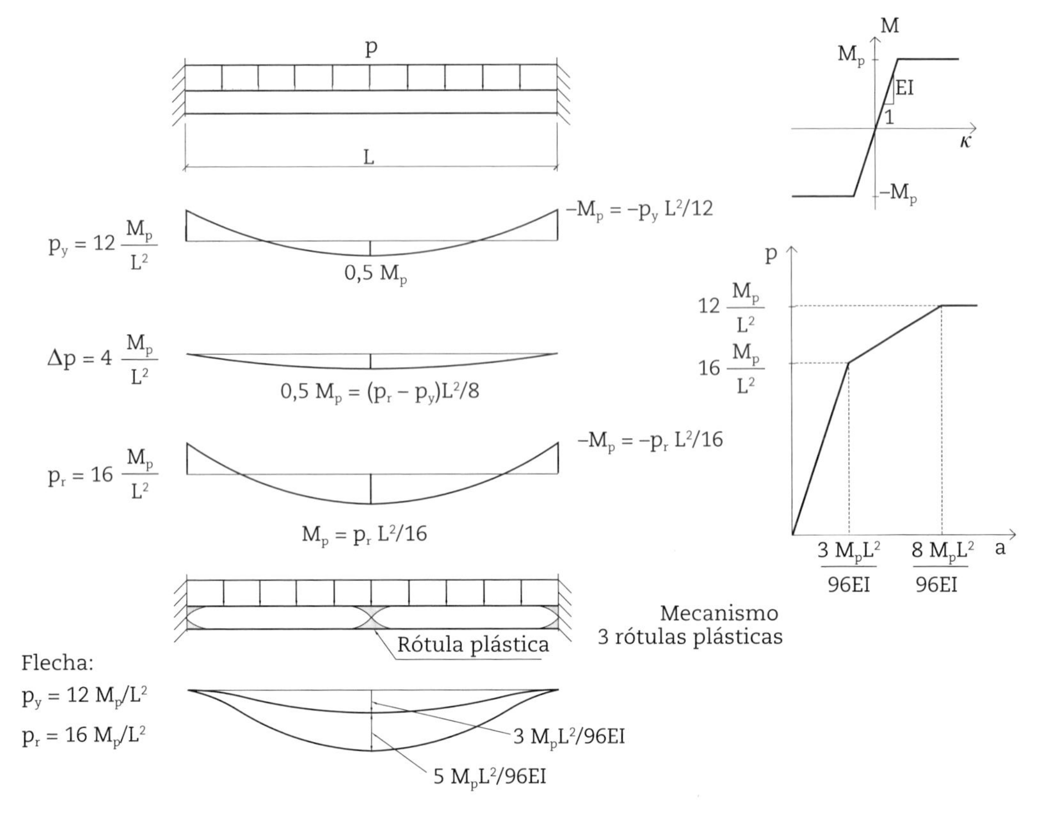

Fig. 1.10 *Análise elastoplástica de uma viga biengastada com carga uniformemente distribuída*

A resistência plástica é 33% maior em relação ao limite elástico. A estrutura tem um fator de redistribuição de 1,33. No caso de estruturas isostáticas, esse fator é 1, ou seja, não é possível redistribuir esforços. Esse fenômeno mostra que as estruturas hiperestáticas possuem mais segurança que as estruturas isostáticas, se o material permitir deformações plásticas.

Entretanto, um dimensionamento baseado na teoria da plasticidade deve ser feito com muito cuidado, pois o aumento de carga acima do limite elástico é acompanhado de grandes deformações plásticas.

O deslocamento no fim da fase elástica é dado por:

$$a = \frac{p_y L^4}{384EI} = \frac{M_p L^2}{32EI} \tag{1.20}$$

Enquanto o deslocamento na fase elastoplástica soma:

$$\Delta a = \frac{5\Delta p L^4}{384EI} = \frac{5M_p L^2}{96EI} \tag{1.21}$$

Embora o incremento de carga seja de apenas 33% em relação ao limite elástico, o aumento no deslocamento é superior a 150% (Fig. 1.10).

A rotação plástica nas extremidades da viga é:

$$\Delta\varphi = \frac{\Delta pL^2}{24EI} = \frac{M_pL^2}{6EI} \tag{1.22}$$

O diagrama carga-deslocamento (p-a) da Fig. 1.10 assume que a carga cresce monotonicamente até a viga se tornar um mecanismo. Se a carga última for removida, a resposta do sistema será elástica e equivalente à aplicação de uma carga igual a $-p_r$.

Por fim, os três exemplos anteriores mostram que, para a determinação da carga última, com base em um material com comportamento elastoplástico, não é necessário calcular todo o histórico de carregamentos. Os métodos de cálculo da carga última são conhecidos por análises-limite. Eles se baseiam nos teoremas estático e cinemático da teoria da plasticidade e serão discutidos a seguir.

1.1.3 Análises-limite

Análises-limite são utilizadas para determinar os carregamentos-limite de sistemas rígido-plásticos perfeitos. A análise-limite permite o pré-dimensionamento, o dimensionamento e a verificação da segurança estrutural de sistemas (estruturas) compostos de materiais ou elementos com comportamento plástico.

As hipóteses básicas dessa abordagem são: (i) linearidade geométrica, ou seja, as deformações, rotações e deslocamentos são pequenos; e (ii) ductilidade infinita, ou seja, as deformações plásticas não têm limite.

A seguir, serão discutidos os teoremas cinemático e estático da teoria da plasticidade, mas não serão fornecidas provas. Para maiores detalhes, o leitor pode ver Nielsen e Hoang (2011) e Marti (2013).

Teorema cinemático

O teorema cinemático afirma que "um carregamento Q_S que está em equilíbrio com um campo de deslocamentos cinematicamente admissível formando um mecanismo possui um valor igual ou superior ao carregamento Q_R que leva a estrutura ao colapso".

Esse teorema não supõe que o carregamento externo esteja em equilíbrio com os campos de tensões. Em outras palavras, não supõe que os critérios de resistência dos materiais sejam respeitados em todo o elemento ou toda a estrutura.

O teorema cinemático é também chamado de teorema do limite superior, pois o carregamento Q_S por ele determinado é maior ou igual ao carregamento-limite Q_R, ou seja, a estrutura irá colapsar.

Teorema estático

O teorema estático afirma que "um carregamento Q_S atuando sobre uma estrutura, que gera um campo de tensões estática e plasticamente admissível, é um limite inferior do carregamento Q_R que leva a estrutura ao colapso".

As seguintes definições se aplicam:

- campo de tensões estaticamente admissível é aquele que satisfaz as condições de equilíbrio;
- campo de tensões plasticamente admissível é aquele que respeita o critério de resistência dos materiais.

Esse teorema é também conhecido como teorema do limite inferior e permite dimensionar e detalhar estruturas a favor da segurança. Sua utilização para o dimensionamento de estruturas é possível desde que o material possa ser considerado plástico, ou seja, tenha capacidade de deformação plástica suficiente.

O teorema do limite inferior expressa a habilidade de adaptação de um sistema para um dado carregamento, desde que isso seja de alguma forma possível (Marti, 2013).

Os métodos chamados de campos de tensões ou modelos de bielas e tirantes são baseados nesse teorema, e diversos ensaios têm mostrado a validade dessa aplicação.

1.2 Sobre a aplicação da teoria da plasticidade em estruturas de concreto

No teorema estático, a compatibilidade não precisa ser contabilizada. Com isso, pode-se determinar o carregamento-limite de um elemento por analogia de treliça ou por campos descontínuos de tensão, que serão discutidos nos próximos capítulos.

Modelos de bielas e tirantes exigem que haja equilíbrio entre o carregamento externo e as solicitações internas e que os elementos básicos da treliça (bielas, tirantes e nós) não tenham seus critérios de resistência violados. Além disso, é fundamental detalhar a estrutura de acordo com o modelo adotado.

A aplicação do teorema do limite inferior significa atribuir ao aço e ao concreto um comportamento de material rígido-plástico com deformações plásticas infinitas. No caso do aço, essa hipótese é razoável, pois as deformações plásticas são grandes e significativamente maiores que as deformações elásticas. No caso do concreto, essa é uma hipótese ruim, pois é um material cujo modo de ruptura é frágil. No entanto, diversos experimentos e anos de aplicação prática têm demonstrado que reduzir a resistência do concreto por fatores adequados é perfeitamente aceitável (ver Cap. 3).

Como o comportamento estrutural do concreto difere bastante do de um material rígido-plástico, a aplicação do teorema estático ao concreto simples não é adequada e não deve ser permitida. Além disso, pode ser necessário, em estruturas de concreto estrutural, comprovar a capacidade de deformação plástica, para garantir que não haja ruptura prematura, uma vez que o concreto tem capacidade de deformação limitada.

MODELO DE BIELAS E TIRANTES E CAMPOS DE TENSÕES

Neste capítulo serão tratados, de forma geral e simples, o comportamento e a resistência de alguns elementos estruturais. Esses conceitos são importantes para a aplicação em elementos (ou regiões) mais complexos e para a sequência do livro.

2.1 Introdução ao modelo de bielas e tirantes e campos de tensões

Um modelo de bielas e tirantes é uma idealização estrutural na qual a estrutura real se assemelha a uma treliça equivalente onde se calculam, dadas as ações, os esforços axiais de cada elemento. Essa treliça deve satisfazer as hipóteses do teorema do limite inferior da plasticidade discutido no Cap. 1. O cálculo dos esforços axiais nos elementos permite dimensionar as armaduras necessárias e verificar a adequada resistência das bielas e dos nós.

Um modelo de campos de tensões é uma idealização estrutural em que as tensões no aço e no concreto são impostas (ou verificadas) pela aplicação de um conjunto de ações sobre um elemento estrutural. Os campos de tensões devem satisfazer as condições de equilíbrio e as condições estáticas de plasticidade e respeitar as condições de contorno da estrutura real.

Em um modelo de bielas e tirantes, as bielas representam os campos de tensões de compressão, os campos de tensões de tração são representados por uma ou mais camadas de armadura ou tirantes de concreto, e os nós são os volumes de concreto em que as forças que agem nas bielas e nos tirantes se encontram e se equilibram.

Neste livro, serão adotados apenas campos de tensões de tração representados por armaduras, pois a maioria das aplicações práticas costuma desprezar a resistência à tração do concreto, que é muito pequena. Entretanto, existem situações em que a resistência estrutural só poderá ser explicada se a resistência à tração do concreto não for nula (por exemplo, lajes sem estribo e ancoragem de barras).

Segundo Schlaich, Schäfer e Jennewein (1987), os elementos estruturais de concreto podem ser separados em dois tipos de regiões:

- *Regiões B (B de Bernoulli)*: as regiões em que é válida a hipótese de Bernoulli--Euler de deformação específica distribuída linearmente ao longo da seção transversal. Essas regiões são dimensionadas ou verificadas pelo equilíbrio da seção transversal, ou seja, os esforços internos podem ser determinados através de métodos seccionais já consagrados.
- *Regiões D (D de detalhe ou descontinuidade)*: as regiões em que as deformações específicas ao longo da seção transversal têm distribuição não linear e os métodos seccionais não são mais aplicáveis. Exemplos de regiões D dentro de uma estrutura são mostrados na Fig. 2.1.

Embora Schlaich, Schäfer e Jennewein (1987) tenham indicado que a análise de regiões B seja feita por métodos seccionais, modelos de bielas e tirantes também são aplicáveis e costumam ser a base das formulações dos métodos seccionais.

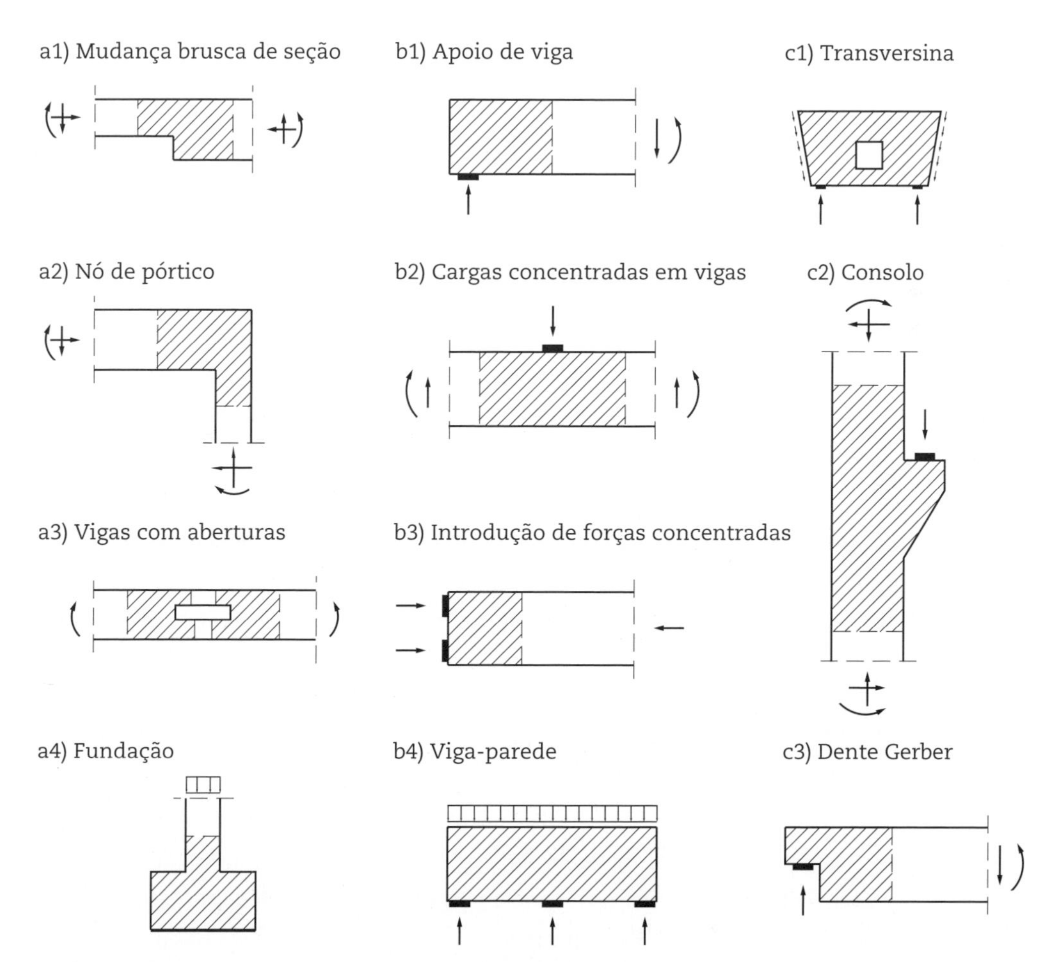

Fig. 2.1 *Regiões D (área hachurada) com distribuição de deformações não linear devido a: a) descontinuidade geométrica, b) descontinuidade estática e c) descontinuidade geométrica e estática*

2.1.1 Campo de tensões e modelo de bielas e tirantes aplicados a vigas altas

Considere-se uma viga biapoiada sob a ação de duas forças concentradas iguais e simétricas, conforme a Fig. 2.2.

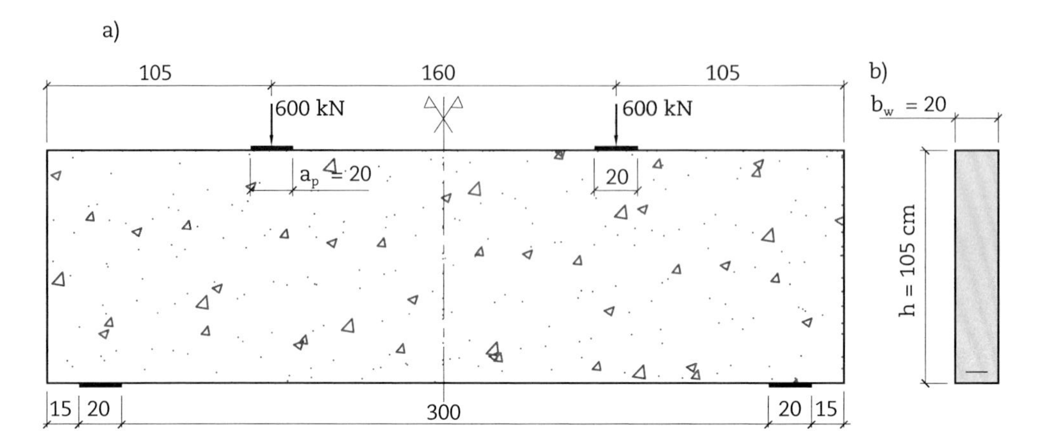

Fig. 2.2 *Viga-parede biapoiada submetida a duas forças concentradas e simétricas: a) elevação e b) seção transversal*

Assumindo (inicialmente) que tanto o concreto quanto o aço são materiais rígido-plásticos perfeitos, é possível ignorar a compatibilidade e equilibrar internamente os esforços através de um campo descontínuo de tensões, como mostra a Fig. 2.3.

Por se tratar de uma estrutura isostática, as reações são facilmente determinadas pelas equações de equilíbrio da estática. Adicionalmente, pode-se assumir de forma intuitiva que a força está tão próxima ao apoio que ela é transmitida a este de modo direto através de uma biela inclinada. Forças de desvio na região de aplicação das cargas e na região do apoio surgem, pois são necessárias ao equilíbrio.

A solução apresentada na Fig. 2.3 é apenas uma das várias possíveis de acordo com o teorema do limite inferior da plasticidade. Entretanto, é uma das mais simples, uma vez que o problema se resume a uma treliça isostática. Deve-se, sempre que possível, escolher o modelo mais simples, tomando o cuidado de não haver omissões importantes.

As larguras das bielas dependem da resistência efetiva do concreto (inicialmente denominado f_{cp}) e dos esforços axiais resultantes do modelo de treliça. No caso do exemplo da Fig. 2.3, em que as bielas são assumidas prismáticas e os nós pseudo-hidrostáticos ($\sigma_{cd1} = \sigma_{cd2} = \sigma_{cd3} = f_{cp}$), pode-se determinar tais larguras de forma iterativa conforme o procedimento mostrado no Boxe 2.1.

O equilíbrio da Fig. 2.4 mostra que, embora a viga seja solicitada por esforços cortantes significativos, apenas a armadura de tração na região inferior da viga é

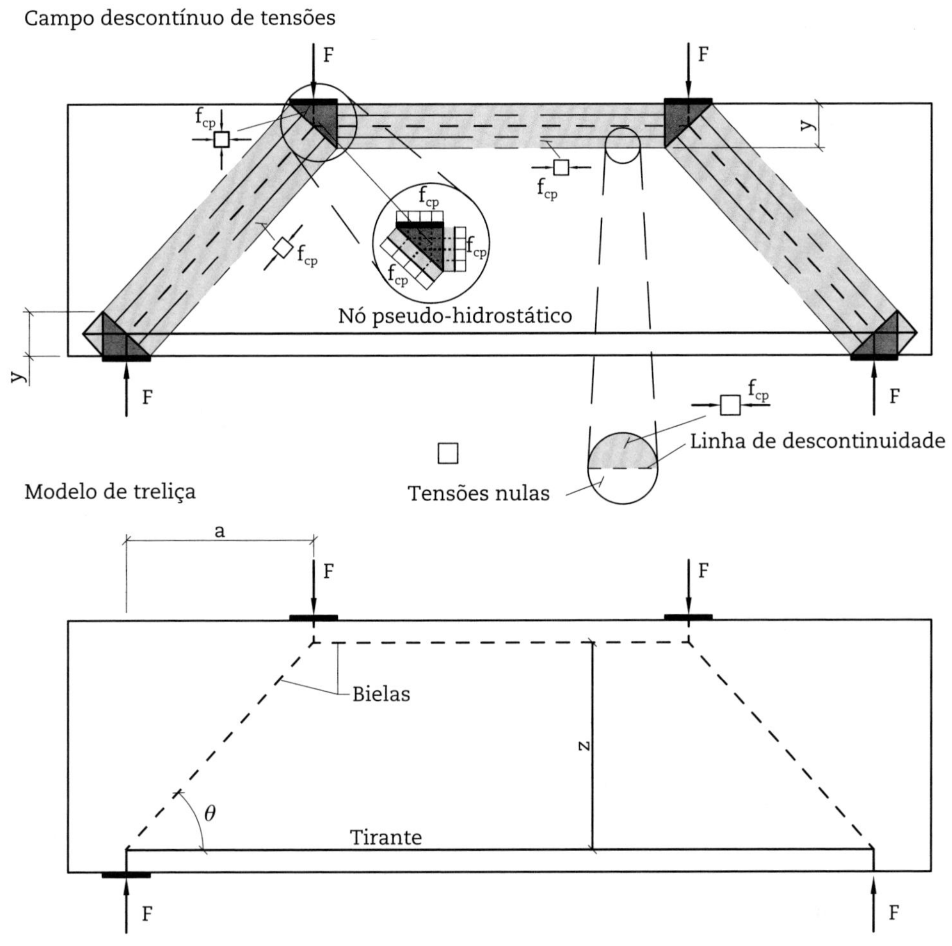

Fig. 2.3 *Idealização do equilíbrio interno de uma viga biapoiada com duas forças iguais e simétricas e próximas aos apoios*

Boxe 2.1 Exemplo de determinação da largura da biela

Dados:

- resistência efetiva do concreto: f_{cp} = 15 MPa;
- resistência plástica do tirante de aço: f_{yd} = 435 MPa.

I. Estima-se a largura y, por exemplo, y = 0,2h = 21 cm.

II. Determina-se o braço de alavanca e, por consequência, o ângulo de inclinação da biela:

$$z = h - y = 105 - 21 = 84 \text{ cm}$$

e

$$\text{tg}\,\theta = z/a = 84/80 = 1{,}05 \rightarrow \theta \cong 46{,}4°$$

III. Determina-se o binário de forças (banzo comprimido e tirante) e a espessura do banzo:

$$F_{cd} = F_{td} = F_d \text{ cotg}\,\theta = 600/1{,}05 = 571{,}4 \text{ kN}$$
$$y = F_{cd}/(b_w f_{cp}) = 642{,}8/20 \times 1{,}5 = 19{,}0 \text{ cm}$$

IV. A largura estimada é aproximadamente igual à calculada ($y_{est} \cong y_{calc}$)? Não, então se deve atualizar o valor de y e recomeçar o procedimento até que elas sejam aproximadamente iguais.

Observação: o exemplo em questão tem solução direta, como indicado a seguir.

$$y = \frac{h - \sqrt{h^2 - 4a_p a}}{2} = \frac{105 - \sqrt{105^2 - 4 \times 20 \times 80}}{2} \cong 18{,}5 \text{ cm}$$

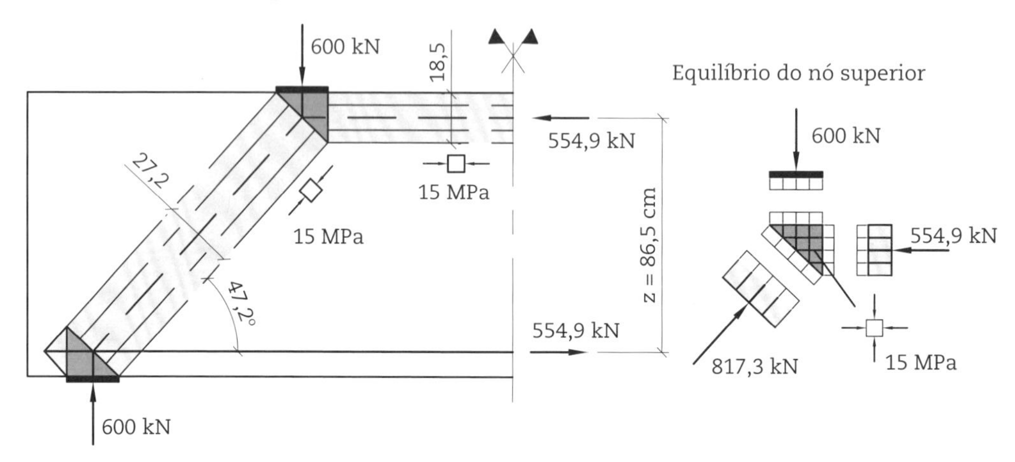

Fig. 2.4 *Solução baseada na teoria da plasticidade do problema proposto na Fig. 2.2*

necessária, ou seja, nenhum estribo é exigido. Do ponto de vista estático, essa é uma solução possível, mas, como será visto adiante, armaduras verticais (estribos) ou horizontais (pele) são indispensáveis.

Adicionalmente, observa-se que a força de tração na armadura é constante e não se altera conforme a lei de variação dos momentos fletores, e, como consequência, deve-se ancorar a totalidade da armadura nos apoios.

Considere-se o equilíbrio mostrado na Fig. 2.5 para a mesma viga submetida a quatro forças de cálculo com valores iguais a 300 kN. O momento fletor no meio do vão e a reação de apoio são idênticos aos do exemplo anterior.

O binário de forças e a espessura de compressão (y) no meio do vão não se alteram. A diferença é que se tem uma biela para cada força aplicada e a geometria dos nós é um pouco diferente (Fig. 2.6).

Considerando, agora, um carregamento distribuído que produz as mesmas resultantes dos exemplos anteriores, os campos de tensões podem ser determinados de forma análoga à de diversas forças pontuais atuando sobre a viga, conforme a Fig. 2.7.

No caso de carga uniformemente distribuída, a geometria das curvas AB e CD da zona nodal segue uma função hiperbólica, mas isso não tem importância prática, razão pela qual foi mantida a geometria do nó triangular.

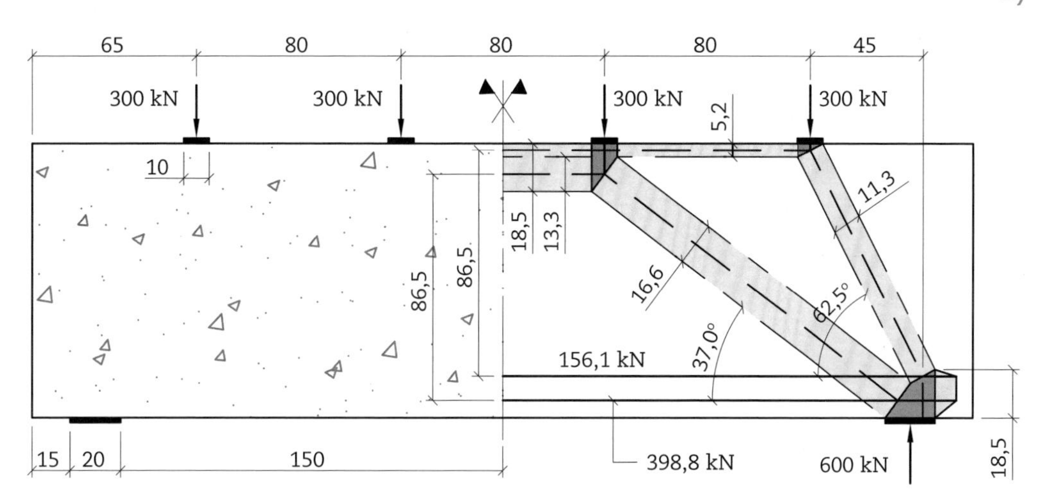

Fig. 2.5 *Viga-parede biapoiada submetida a quatro forças concentradas e simétricas*

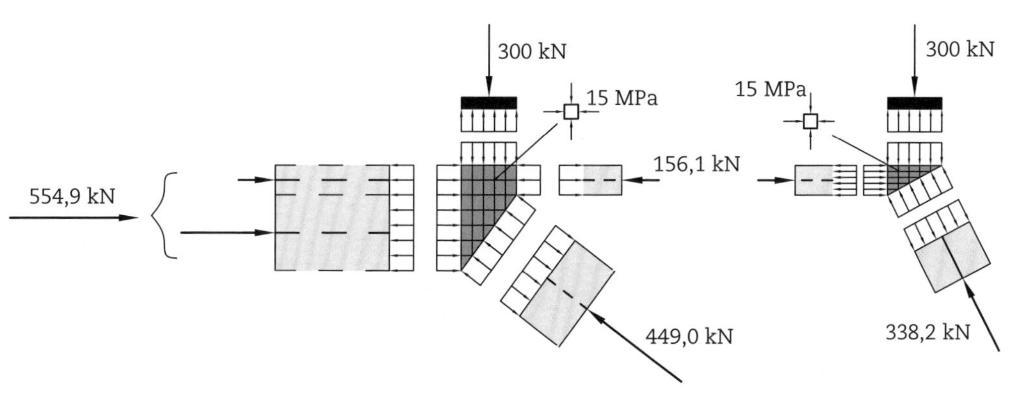

Fig. 2.6 *Geometria dos nós comprimidos pseudo-hidrostáticos*

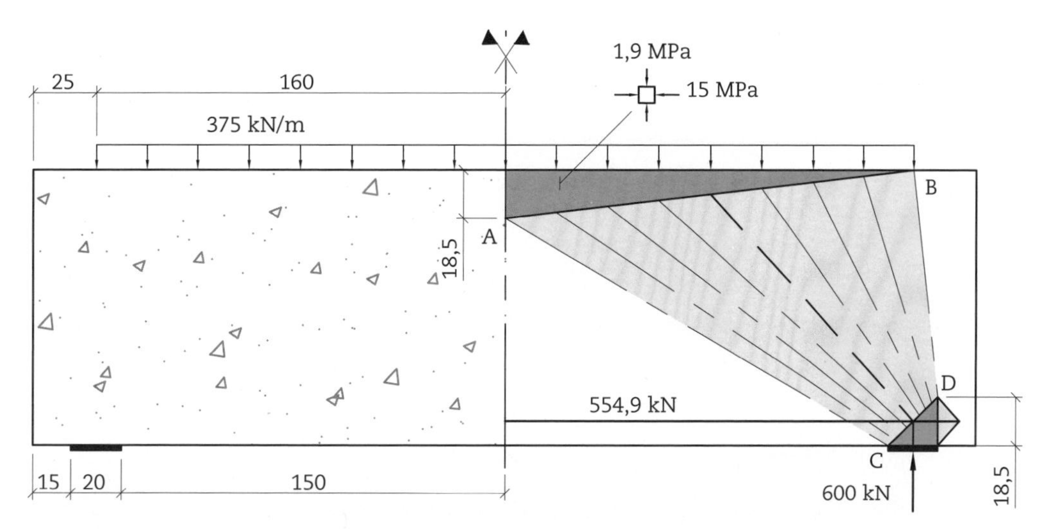

Fig. 2.7 *Viga biapoiada submetida a carregamento distribuído*

Como o campo de tensões de compressão possui o formato de um leque, as tensões ao longo da biela são variáveis e possuem maior valor na seção mais estreita. No exemplo da Fig. 2.7, o nó do apoio se mantém em estado pseudo-hidrostático, porém isso não ocorre no nó superior, uma vez que a resultante de 600 kN é distribuída em um comprimento muito maior que os 20 cm do apoio ($\sigma_{cd} \cong 1{,}9$ MPa).

Nos exemplos anteriores, com exceção do último, com carregamento distribuído, os nós foram assumidos pseudo-hidrostáticos. No entanto, essa solução nem sempre é possível, pois, em geral, a tensão imposta pela força vertical não é igual à tensão resistente do concreto e as resistências de nós comprimidos e tracionados também não são iguais. Além disso, a armadura é posicionada, exceto em casos específicos, o mais próximo possível da face inferior, para simplificar a armação e aumentar o braço de alavanca z.

Assumindo a resistência do nó tracionado menor que a do nó comprimido, os campos de tensões da Fig. 2.3, onde havia apenas bielas prismáticas, são substituídos pelos campos de tensões da Fig. 2.8, onde as bielas diagonais têm formato de leque.

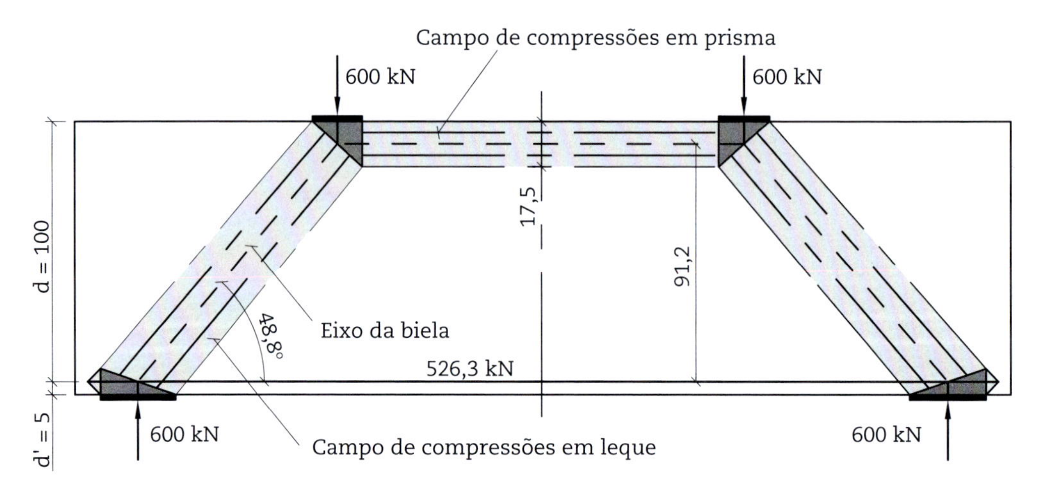

Fig. 2.8 *Solução usual para concreto estrutural*

2.1.2 Campo de tensões e modelo de bielas e tirantes aplicados a vigas medianamente esbeltas

Considere-se uma viga biapoiada com largura de 20 cm, com a geometria e o carregamento mostrados na Fig. 2.9.

A solução de biela direta exige que a espessura do montante comprimido seja igual a 40 cm $\left(y = d - \sqrt{d^2 - 2a_p a} = 80 - \sqrt{80^2 - 2 \times 20 \times 120} = 40 \text{ cm}\right)$ e resulta em uma inclinação da biela $\theta = 26{,}6°$ ($\text{tg}\,\theta = 0{,}5$) (Fig. 2.10).

Segundo Muttoni, Schwartz e Thürlimann (1997), evidências experimentais mostram que essa inclinação só é possível sob certas condições, pois a transmissão de forças pelo concreto pode ser problemática se uma biela, sem armadura de cisalhamento, é muito próxima da armadura de flexão. Nessa situação, podem surgir grandes fissuras atravessando a biela, o que reduziria drasticamente a sua resistência, e outro modelo deve ser considerado.

Um modelo alternativo, conforme a Fig. 2.11, pode ser adotado para contornar esse problema. A força aplicada não é transmitida diretamente ao apoio, mas através de uma suspensão de carga intermediária.

O equilíbrio mostrado na Fig. 2.11 é obtido por dois sistemas de transporte de carga. O primeiro assume que a força é desviada até a parte inferior da viga e distribuída entre as placas de apoio/aplicação da força. A biela inclinada é equilibrada no nó inferior por dois tirantes: um horizontal (armadura de flexão) e outro vertical (formado por estribos).

A função da armadura transversal (ou de cisalhamento) é a de transferir a força do nó inferior para o superior, ou seja, levar a carga do sistema I até o sistema II, que é similar ao mostrado na Fig. 2.7. É extremamente importante que os estribos estejam bem ancorados na parte inferior e superior da viga.

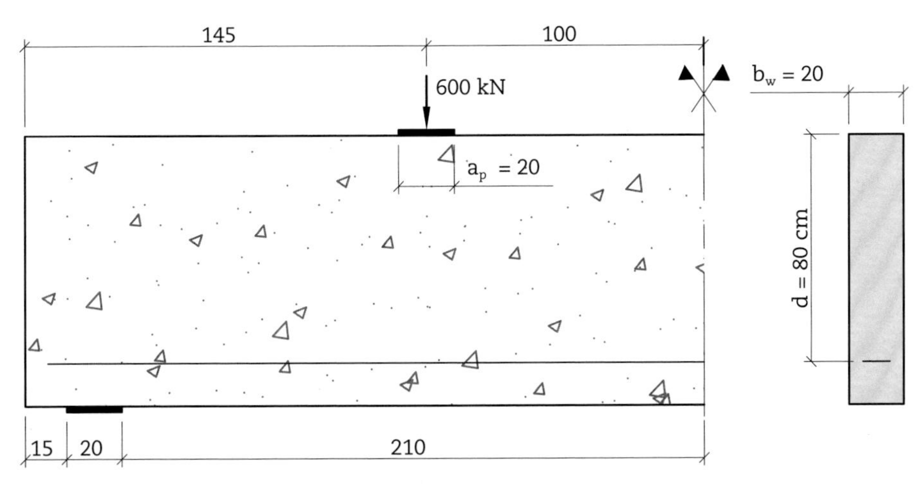

Fig. 2.9 *Viga medianamente esbelta biapoiada submetida a duas forças concentradas e simétricas*

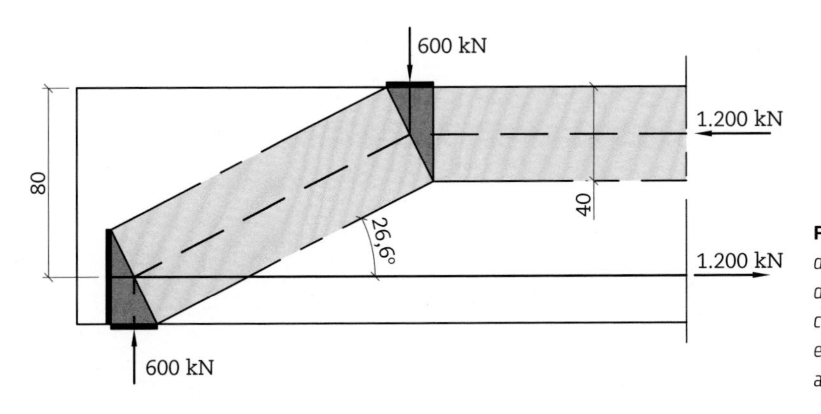

Fig. 2.10 *Idealização do equilíbrio interno de uma viga biapoiada com duas forças iguais e simétricas e próximas aos apoios*

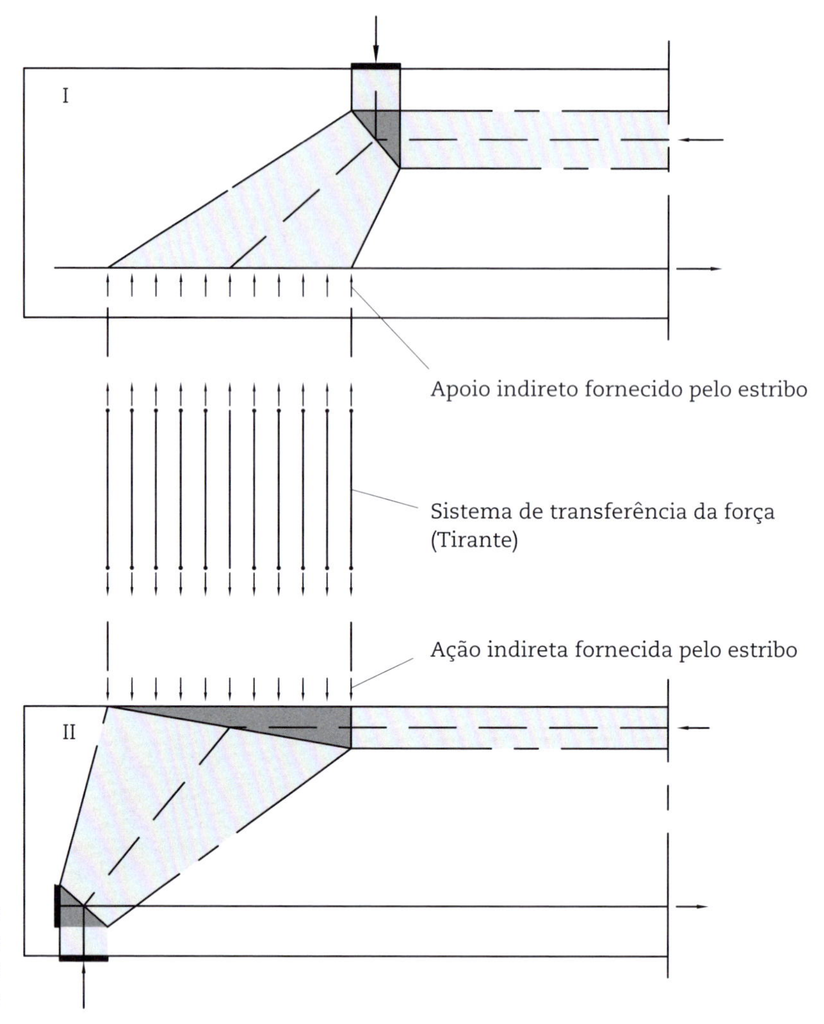

Fig. 2.11 *Combinação de dois sistemas de transporte da força com suspensão*

Utilizando esses dois sistemas, será obtido, para o problema da Fig. 2.9, o equilíbrio apresentado na Fig. 2.12.

Ao contrário do modelo de biela direta, esse modelo permite que a armadura inferior seja reduzida no apoio, uma vez que a tração longitudinal no apoio é igual a 502,6 kN e a tração (máxima) no vão é igual a 1.200 kN. Portanto, algumas armaduras podem ser cortadas antes do aparelho de apoio, sem a necessidade de entrar na zona nodal.

Na Fig. 2.12, pode-se perceber que as bielas em leque se sobrepõem no triângulo ABC. No entanto, essa superposição tem pouca importância prática. Se o engenheiro quiser ser mais rigoroso, duas soluções são possíveis: distribuir os estribos em uma faixa menor – evitando a sobreposição (Fig. 2.13) – ou aumentar a largura do nó de apoio e garantir o equilíbrio apenas por aderência (Fig. 2.14).

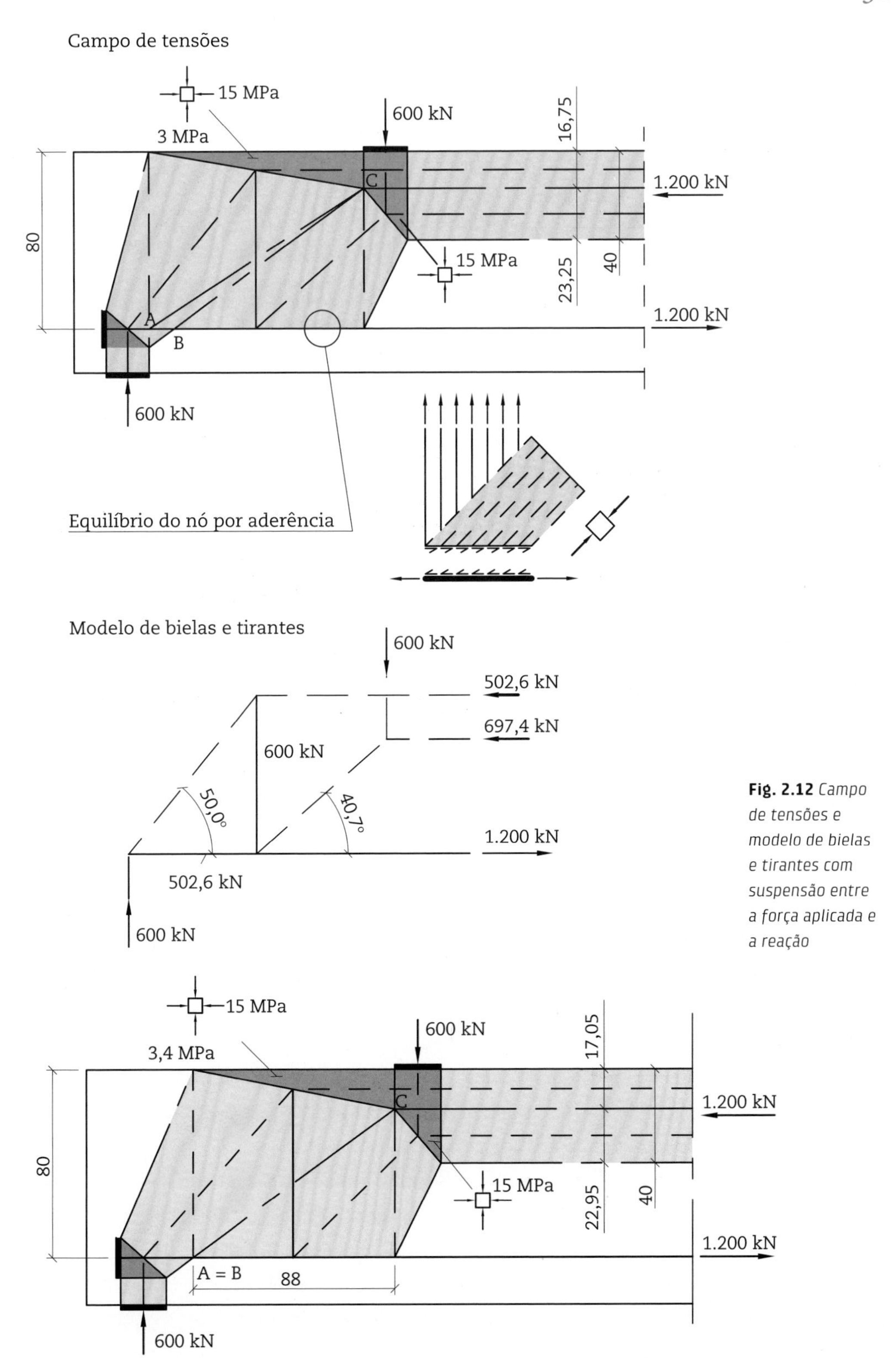

Fig. 2.12 *Campo de tensões e modelo de bielas e tirantes com suspensão entre a força aplicada e a reação*

Fig. 2.13 *Solução alternativa de campo de tensões sem sobreposição das bielas através de estribos distribuídos em comprimento menor*

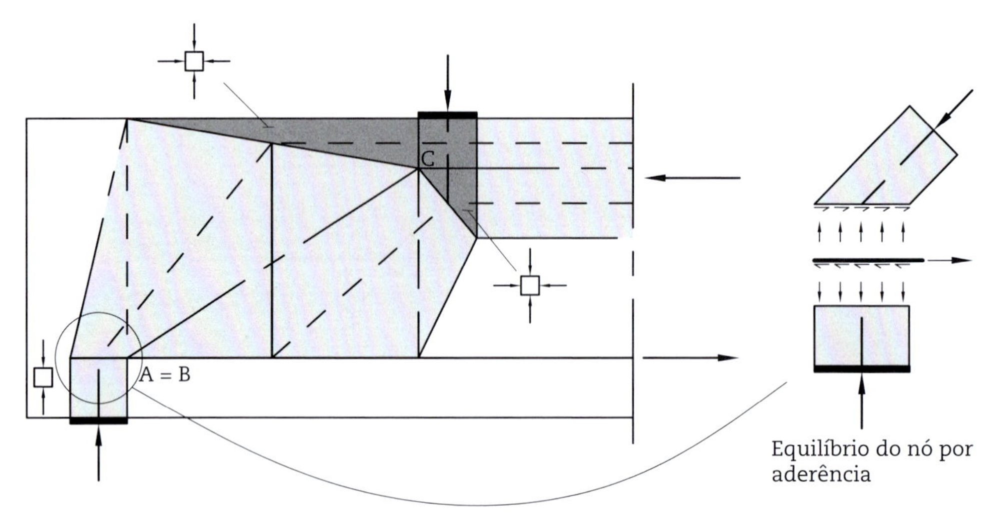

Fig. 2.14 *Solução alternativa de campo de tensões sem sobreposição das bielas através de nós equilibrados pela aderência entre o aço e o concreto*

2.2 Informações adicionais sobre estratégias de modelagem

A aplicação da teoria da plasticidade no dimensionamento de estruturas de concreto implica a inexistência de apenas um modelo, e é muito comum o mesmo problema ser resolvido de maneiras diferentes (como mostrado nas Figs. 2.13 e 2.14). Logo, a primeira e mais importante tarefa de um engenheiro de estruturas é encontrar um modelo para uma determinada geometria e conjunto de cargas que seja adequado ao concreto estrutural.

O teorema do limite inferior assume que qualquer equilíbrio que respeita o critério de resistência dos materiais é uma solução válida desde que a deformação plástica infinita seja possível, ou seja, o material deve ser rígido-plástico perfeito. No entanto, o aço e especialmente o concreto permitem apenas deformações plásticas limitadas, sendo necessário adotar modelos adequados que produzam deformações reduzidas e não violem a capacidade de deformação plástica em nenhum ponto da estrutura.

Para evitar a escolha de um modelo ruim ou inadequado, Schlaich, Schäfer e Jennewein (1987) recomendam que, para garantir os requisitos de ductilidade, os modelos de bielas e tirantes sejam baseados nas direções das tensões principais determinadas por meio de uma solução elástica linear (Fig. 2.15).

Um exemplo que mostra claramente a vantagem dessa medida é apresentado na Fig. 2.16. Uma das possíveis soluções para o painel comprimido seria assumir que a força é transmitida diretamente através de um campo de compressões estreito e que, consequentemente, nenhuma armadura é necessária. Embora se trate de uma solução equilibrada, que respeita o limite inferior da plasticidade, o padrão de fissuras será inaceitável e uma abertura de fissura muito grande poderá ocorrer, produzindo uma ruptura por tração (Fig. 2.16a).

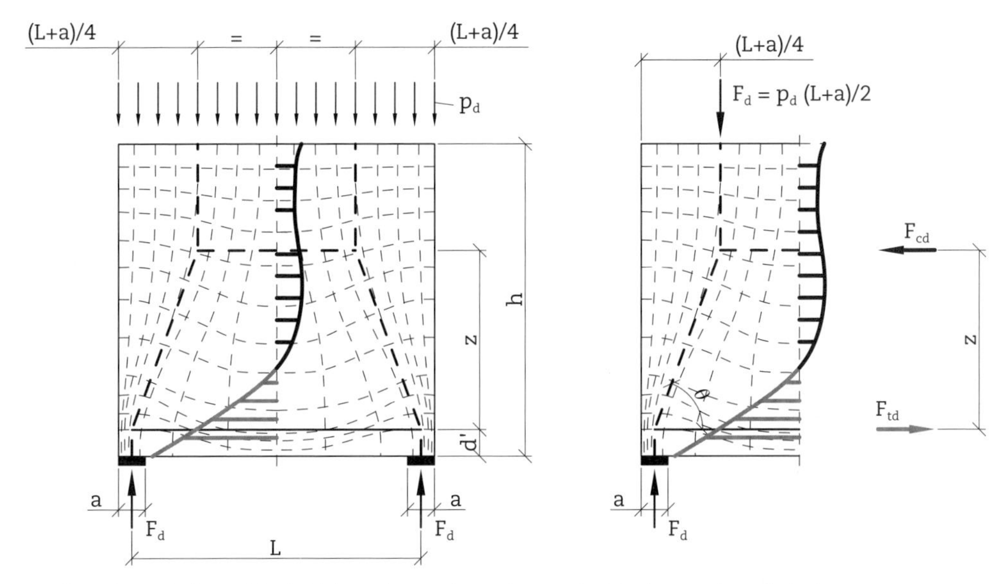

Fig. 2.15 *Exemplo de modelo de bielas e tirantes baseado na trajetória das tensões principais em solução elástica*

Fonte: adaptado de Schlaich e Schäfer (1991).

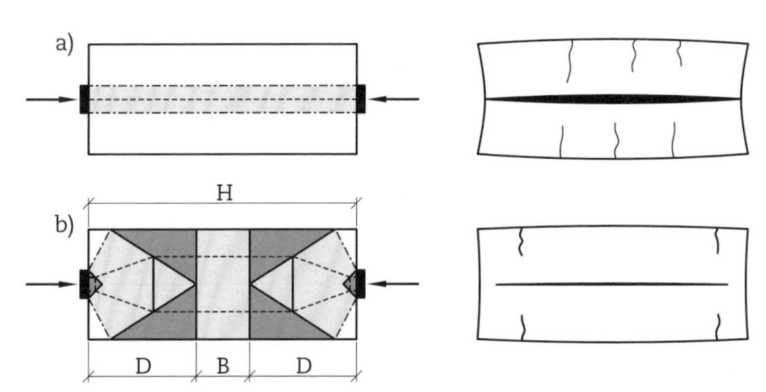

Fig. 2.16 *Painel comprimido por duas forças distribuídas em áreas reduzidas: a) modelo de biela direta (solução plástica possível) e b) modelo de bloco parcialmente carregado (baseado em trajetória de tensões elásticas)*

Por outro lado, ao basear o modelo no fluxo de tensões elásticas (Fig. 2.16b), o padrão de fissuração é sensivelmente melhor, já que é controlado por armaduras transversais à biela. Pode-se, então, chamar o primeiro modelo (com transmissão direta) de modelo principal e o segundo, de modelo refinado (não necessariamente complexo).

Adicionalmente, é sugerida a adaptação de exemplos normatizados usando a geometria e as forças de uma dada região D. Atualmente, existe um catálogo muito grande de modelos de bielas e tirantes que auxiliam o engenheiro na escolha de um modelo. Nos capítulos seguintes, muitos deles serão discutidos.

Além disso, Schlaich e Schäfer (1991) recomendam o método do caminho de forças (Fig. 2.17), que não será detalhado.

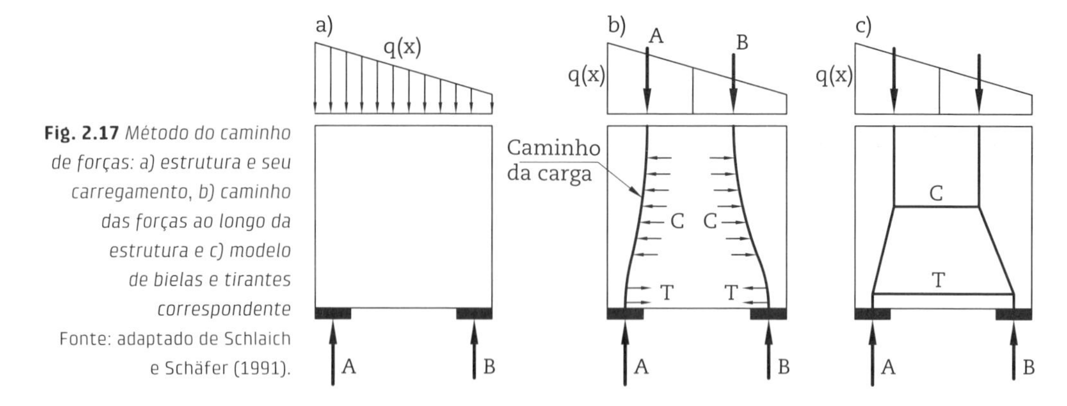

Fig. 2.17 *Método do caminho de forças: a) estrutura e seu carregamento, b) caminho das forças ao longo da estrutura e c) modelo de bielas e tirantes correspondente*
Fonte: adaptado de Schlaich e Schäfer (1991).

2.3 Ângulos de inclinação permitidos entre bielas e tirantes

Um aspecto importante da modelagem é o ângulo de inclinação entre bielas e tirantes. Existem muitos limites diferentes em normas e códigos. Os ângulos permitidos por algumas normas são mostrados na Tab. 2.1.

Tab. 2.1 Ângulos de inclinação entre bielas e tirantes permitidas por algumas normas

Norma	Ângulos permitidos
NBR 6118 (ABNT, 2014)	$30° \leq \theta \leq 63{,}4°$ ($0{,}577 \leq \text{tg}\,\theta \leq 2$)
Eurocode 2 (CEN, 2004)	$21{,}8° \leq \theta \leq 68{,}2°$ ($0{,}4 \leq \text{tg}\,\theta \leq 2{,}5$)
Model Code 2010 (fib, 2013)	$25° \leq \theta \leq 68{,}2°$ ($0{,}467 \leq \text{tg}\,\theta \leq 2{,}5$)

Os limites de inclinação do campo de compressões dependem do tipo de elemento e do tipo de solicitação. Por exemplo, em vigas usuais, o ângulo θ não pode ser maior que 45°, no entanto, em regiões de descontinuidade, como vigas-parede, o desejável é que θ seja maior que 45°. Na sequência do livro, esses limites aparecem de forma mais específica.

2.4 Carga próxima ao apoio

Quando existe uma carga próxima ao apoio, a força é transferida diretamente ao apoio via uma biela direta e, portanto, nenhuma armadura transversal (estribos) seria necessária (Fig. 2.3). Entretanto, ensaios experimentais mostram que tensões de tração surgem transversalmente ao eixo da biela, pois o campo de compressões tende a "abrir" para manter a compatibilidade, e que, para melhorar o comportamento em serviço e evitar a ruptura prematura da biela, é necessário dispor de armadura(s) secundária(s).

Na literatura, diversos modelos e regras para a determinação dessa armadura secundária podem ser encontrados. No entanto, apenas dois serão discutidos.

Se a carga estiver muito próxima ao apoio, a tendência (já que o concreto não é um material perfeitamente plástico) é que a transmissão seja direta e que o campo de compressões tenha o formato de garrafa (Fig. 2.18). Esse modelo ajuda a explicar a fissuração diagonal de elementos planos ensaiados sem armadura de estribo ou costura (como blocos sobre duas estacas e consolos).

A tração transversal (F_{td}) pode ser determinada utilizando as expressões do Eurocode 2 (CEN, 2004) para a zona de descontinuidade total (Fig. 2.19), que, segundo Schlaich e Schäfer (2001), resultam em uma estimativa conservadora.

O valor da força de tração transversal F_{td} para a zona de descontinuidade total pode ser determinado por:

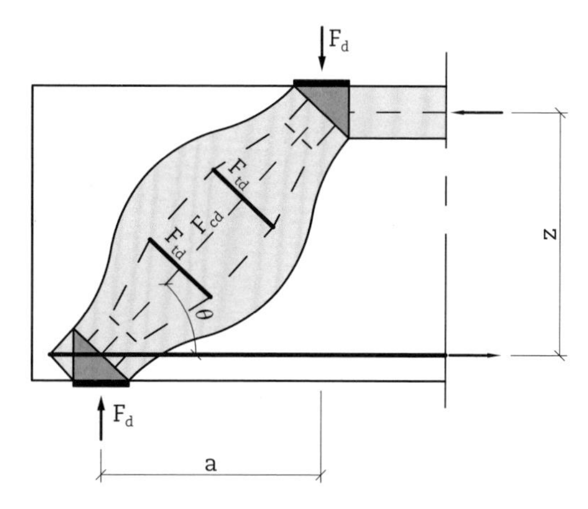

Fig. 2.18 *Carga próxima ao apoio com campo de compressões em formato de garrafa*

$$F_{td} = 0{,}25F_d\left(1 - 0{,}7a / h\right) \tag{2.1}$$

e o valor da força F_{td} para a zona de descontinuidade parcial, pela já consagrada expressão de bloco parcialmente carregado:

$$F_{td} = 0{,}25F_d\left(1 - a / b\right) \tag{2.2}$$

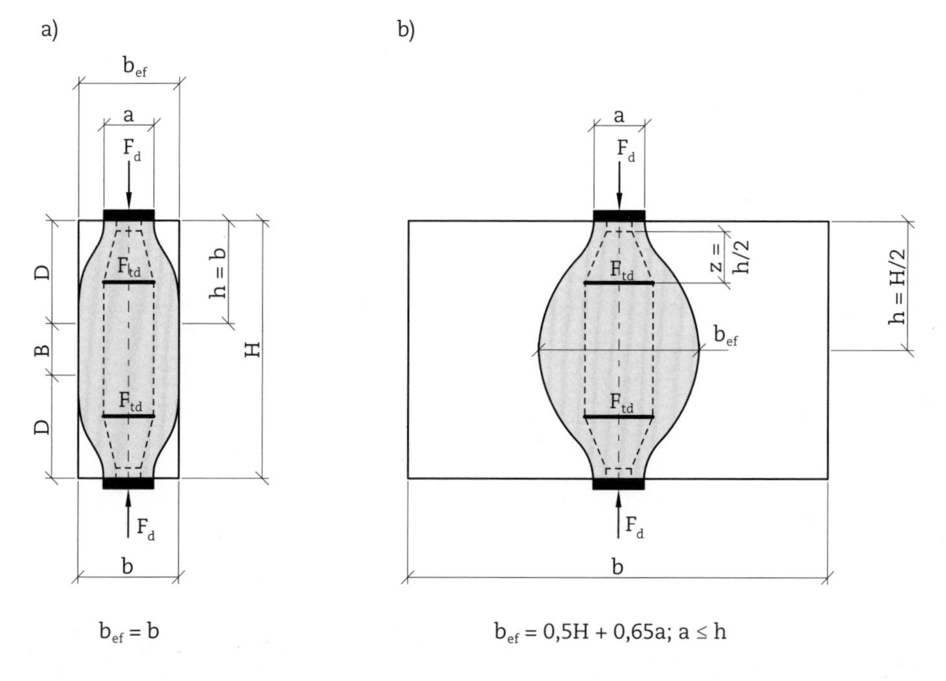

Fig. 2.19 *Parâmetros para a determinação das forças de tração transversais num campo de tensões em formato de garrafa: a) descontinuidade parcial e b) descontinuidade total*
Fonte: adaptado de CEN (2004).

Exceto em casos especiais (por exemplo, dente Gerber, aberturas em elementos estruturais), não é comum a utilização de armaduras inclinadas, uma vez que é mais difícil posicionar as barras de aço corretamente. Com isso, de maneira simples, pode-se decompor as forças inclinadas e obter as forças horizontal e vertical como segue:

$$F_{wvd} = 2F_{td}\cos\theta$$
$$F_{whd} = 2F_{td}\,\text{sen}\,\theta \tag{2.3}$$

Com o aumento da distância entre a carga e a reação (a), o modelo de campo de compressões em formato de garrafa gradualmente se transforma em um modelo de bielas e tirantes até que seja necessária a suspensão total mostrada na Fig. 2.11. Normalmente, o tratamento dado a essa região é usar um modelo de treliça hiperestática combinando o modelo de biela direta com o modelo de suspensão total (Fig. 2.20).

A parcela da força cortante produzida pela carga aplicada próxima ao apoio pode ser determinada pela seguinte expressão (CEB, 1993):

$$\beta = \frac{2a/z - 1}{3} \tag{2.4}$$
$$0{,}5 \le a/z \le 2$$

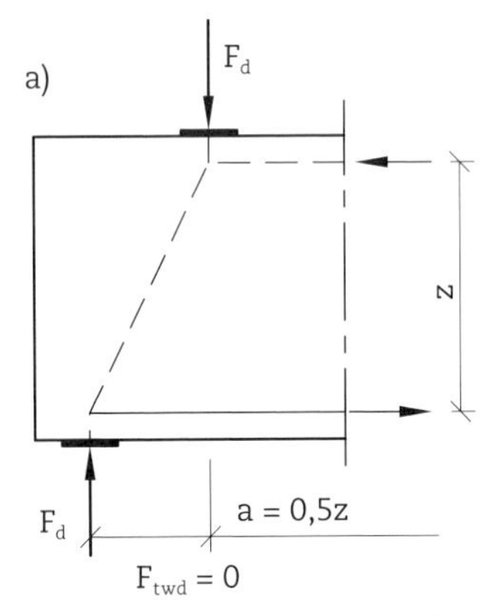

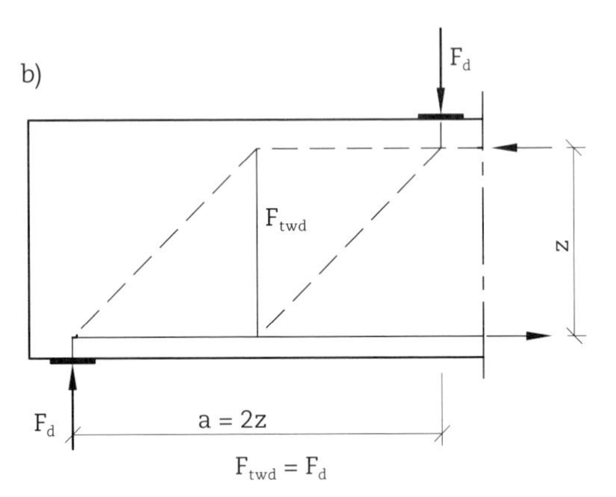

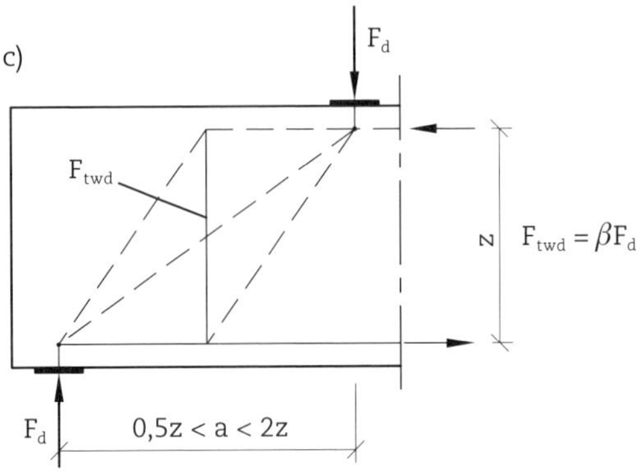

Fig. 2.20 *Modelos de bielas e tirantes para cargas próximas ao apoio: a) modelo de biela direta, b) modelo de suspensão total da força e c) modelo hiperestático que combina as duas soluções*

A Eq. 2.4 é uma simples interpolação linear entre os modelos (a) e (b) da Fig. 2.20, considerando que a carga é transmitida integralmente ao apoio quando $a/z = 0{,}5$ e que a suspensão é total quando $a/z = 2$. Ensaios experimentais (Alcocer; Uribe, 2008; Breña; Roy, 2009) mostram que os valores obtidos por essa equação são ligeiramente conservadores, mas permitem o escoamento da armadura e o adequado comportamento em serviço da região próxima ao apoio.

Outra formulação muito comum é sugerida, com algumas diferenças, pelas normas Eurocode 2 (CEN, 2004) e NBR 6118 (ABNT, 2014). Segundo o Eurocode 2 (CEN, 2004), para elementos com ações na face superior aplicadas a uma distância $0{,}5d \leq a_v \leq 2d$ da face de um apoio (ou do centro do apoio, no caso de apoios flexíveis), a contribuição dessas ações para o esforço cortante poderá ser multiplicada por $\beta = a_v/2d$. Para $a_v \leq 0{,}5d$, deverá utilizar-se o valor $a_v = 0{,}5d$ (a definição geométrica de a_v é mostrada na Fig. 2.21).

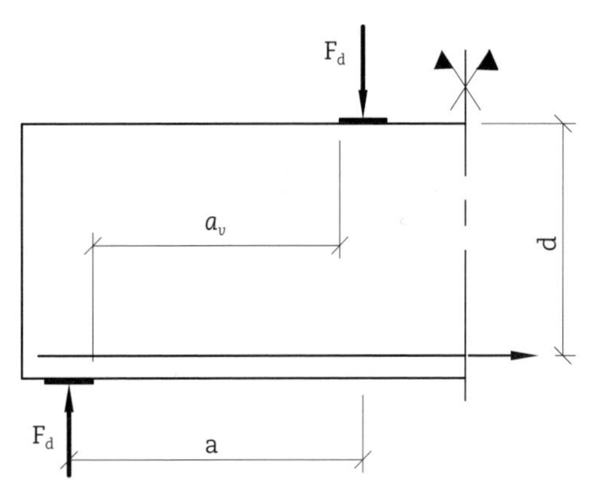

Fig. 2.21 *Carga próxima ao apoio: definição geométrica de* a_v

Segundo a NBR 6118 (ABNT, 2014), para o cálculo da armadura transversal, no caso de apoio direto (se a carga e a reação de apoio forem aplicadas em faces opostas do elemento estrutural, comprimindo-o), valem as seguintes prescrições:

- a força cortante oriunda de carga distribuída pode ser considerada, no trecho entre o apoio e a seção situada à distância $d/2$ da face de apoio, constante e igual à desta seção;
- a força cortante devida a uma carga concentrada aplicada a uma distância $a \leq 2d$ do eixo teórico do apoio pode, nesse trecho de comprimento a, ser reduzida multiplicando-a por $a/2d$. Todavia, essa redução não se aplica às forças cortantes provenientes dos cabos inclinados de protensão.

Quando a força é aplicada muito próxima ao apoio, as forças de tração dentro do campo de compressões em garrafa tornam-se praticamente horizontais, o que faz com que a armadura secundária horizontal seja mais importante que a vertical. Isso é especialmente significativo em consolos altos.

De forma a simplificar a determinação das armaduras secundárias, Santos e Stucchi (2013) propuseram a seguinte expressão para a força de tração horizontal:

$$F_{whd} = \left(0{,}4 - 0{,}2\,a/z\right)F_d \qquad 0{,}4 \leq a/z \leq 2 \tag{2.5}$$

PROPRIEDADES E CARACTERÍSTICAS RESISTENTES DOS MATERIAIS

3.1 Aço

A relação tensão-deformação dos aços usuais (para concreto armado) é mostrada na Fig. 3.1.

O aço possui deformações plásticas muito elevadas se comparadas com a deformação de escoamento ε_y e, por isso, a teoria da plasticidade pode ser empregada em elementos de concreto estrutural. O diagrama elastoplástico perfeito pode ser utilizado.

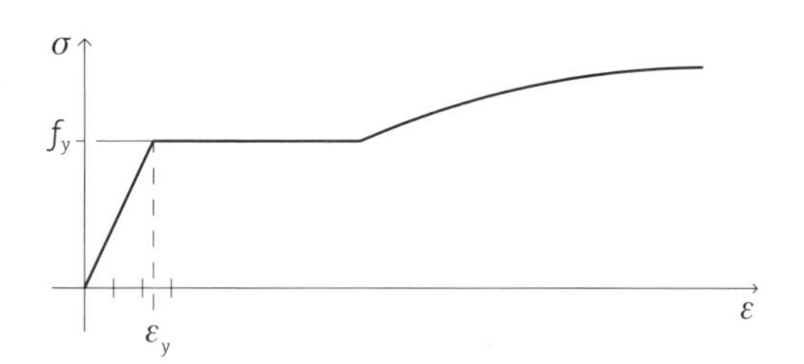

Fig. 3.1 *Relação tensão-deformação do aço para concreto armado*

3.2 Concreto

A relação tensão-deformação do concreto para ensaios uniaxiais com deformação controlada é mostrada na Fig. 3.2.

É possível observar três regiões distintas (Muttoni; Schwartz; Thürlimann, 1997):

- *Região quase elástica linear*: nota-se um comportamento que pode ser considerado como elástico linear, em que a relação entre tensão de com-

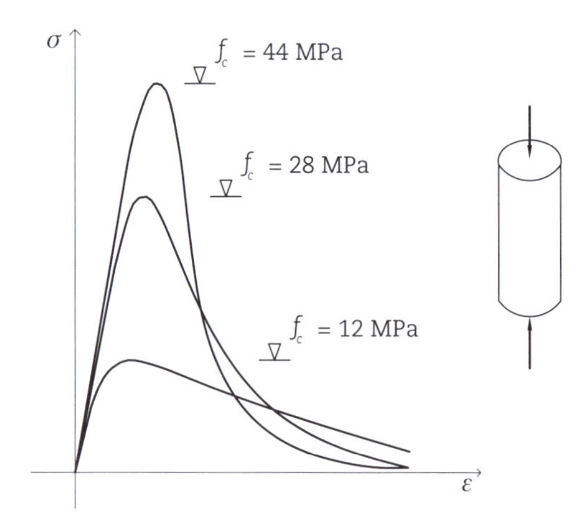

Fig. 3.2 *Relação tensão-deformação de um espécime de concreto submetido à compressão uniaxial (ensaio com deformação lateral controlada)*

Fonte: adaptado de Muttoni, Schwartz e Thürlimann (1997).

pressão e deformação axial é praticamente constante. Os desvios em relação a esse comportamento são, entre outras razões, dependentes da abertura de microfissuras entre o agregado e a matriz de cimento.

- *Região de endurecimento com grandes deformações laterais*: após o início das microfissuras entre agregado e matriz de cimento, fissuras paralelas à direção do carregamento são formadas na matriz de cimento. A tensão axial de compressão e a deformação lateral aumentam mais do que linearmente.
- *Região de amolecimento com grandes deformações laterais*: o concreto sofre um processo de laminação devido à fissuração, sendo que algumas das fissuras resultam em pedaços instáveis. As tensões decrescem com o aumento da deformação.

A princípio, um material com essas características não poderia ser classificado como idealmente plástico. No entanto, a teoria da plasticidade pode, em geral, ser aplicada ao concreto estrutural desde que um valor de resistência à compressão efetiva seja utilizado.

A resistência efetiva à compressão do concreto é definida por:

$$f_{c,ef} = \nu f_c \tag{3.1}$$

em que:

$\nu \leq 1$ é chamado de fator de efetividade da resistência à compressão;

f_c é a resistência à compressão padrão obtida em ensaios com corpos de prova cilíndricos de dimensões e cura específicas. No Brasil, o ensaio é realizado de acordo com as normas NBR 5738 (ABNT, 2015) e NBR 5739 (ABNT, 2018) e o corpo de prova usual tem 100 mm de diâmetro e 200 mm de altura.

A redução da resistência à compressão do concreto em elementos estruturais tem dois grandes fatores: fissuras e amolecimento do concreto. A redução da resistência devida às fissuras pode ser subdividida, segundo Nielsen e Hoang (2011), em: (a) redução da resistência devida à microfissuração do concreto mesmo antes da aplicação do carregamento, (b) redução da resistência devida à microfissuração do concreto imposta pelo carregamento e (c) redução da resistência devida à macrofissuração.

Na literatura existem diversas propostas de resistência efetiva à compressão que, baseadas em ensaios de diversos elementos submetidos a diferentes tipos de esforços, permitem assumir o concreto como um material idealmente plástico. Para maiores informações, ver Nielsen e Hoang (2011).

Em um estado multiaxial de tensões de compressão, existe um aumento da resistência do concreto que pode ser descrito pelo critério de resistência de Mohr-Coulomb. Em um ensaio triaxial com pressão lateral constante (Fig. 3.3), pode-se perceber, além do ganho de resistência, que há uma melhoria significativa na ductilidade do concreto.

No caso de um estado de deformações imposto pelo alongamento de armadura transversal tracionada, a resistência do concreto é reduzida. A deformação da armadura produz fissuras que amolecem o concreto, conforme a Fig. 3.4.

O dimensionamento de um elemento de concreto estrutural segundo a teoria da plasticidade não permite determinar as deformações, por isso esse fenômeno é considerado indiretamente na redução da resistência efetiva do concreto.

3.3 Resistência de tirantes, bielas e nós segundo a NBR 6118 (ABNT, 2014)

3.3.1 Tirantes

A NBR 6118 (ABNT, 2014) estabelece o diagrama tensão-deformação de material com comportamento elastoplástico perfeito para aços passivos (Fig. 3.5a) e, para aços ativos, um diagrama bilinear que, para as deformações últimas

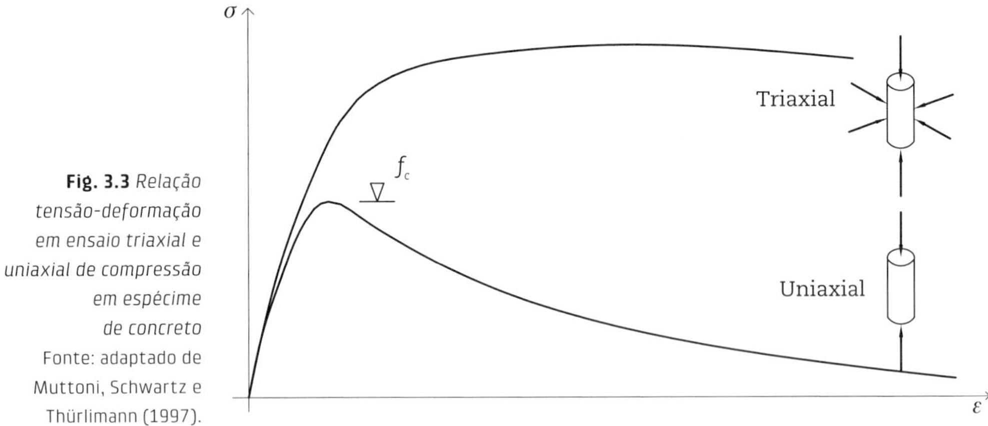

Fig. 3.3 *Relação tensão-deformação em ensaio triaxial e uniaxial de compressão em espécime de concreto*
Fonte: adaptado de Muttoni, Schwartz e Thürlimann (1997).

Fig. 3.4 *Influência de deformações laterais impostas na relação tensão-deformação do concreto*
Fonte: adaptado de Muttoni, Schwartz e Thürlimann (1997).

especificadas nessa norma, pode ser assumido com um patamar de escoamento (linha horizontal da Fig. 3.5b).

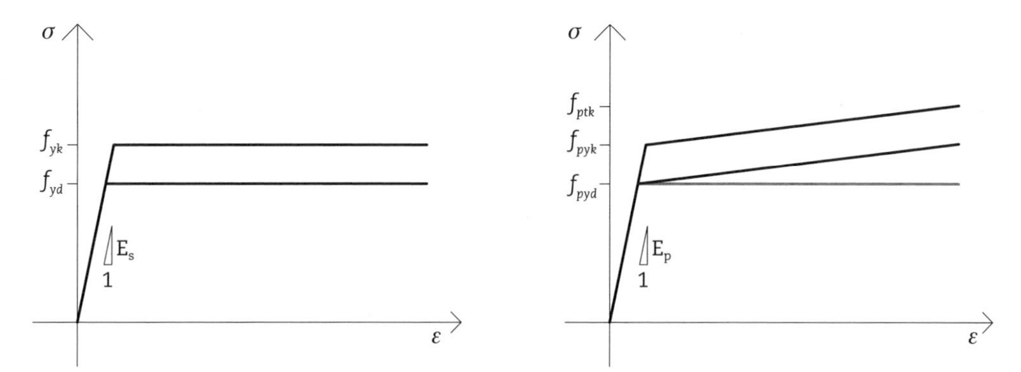

Fig. 3.5 *Diagrama tensão-deformação para aços: a) aço passivo e b) aço ativo*

Então, o critério de resistência de um tirante devidamente ancorado é dado por:

$$F_{td} \leq A_s f_{yd} + A_p f_{pyd} \tag{3.2}$$

A tensão-limite da armadura ativa só é atingível no caso da aplicação de pré--tração. O valor do pré-alongamento deve ser suficiente para que o alongamento adicional devido às ações externas conduza, no estado-limite último, ao escoamento do aço de protensão.

3.3.2 Bielas

Existem três tipos de configurações de bielas: prismáticas, em leque e em formato de garrafa (Fig. 3.6).

A NBR 6118 (ABNT, 2014) prescreve as resistências de bielas mostradas na Tab. 3.1.

Tab. 3.1 Resistência de bielas segundo a NBR 6118 (ABNT, 2014)

Tipo de solicitação	Notação	Resistência	Aplicações
Biela confinada ativa ou passivamente	-	$0{,}85\alpha_{v2}\dfrac{(f_{ck}+4\sigma_1)}{\gamma_c} \leq 3{,}3 f_{cd1}$	– Compressão triaxial – Confinamento lateral (introdução de forças concentradas, pilares com confinamento dado por estribos...)
Biela sem fissuras em compressão uniaxial	f_{cd1}	$0{,}85\alpha_{v2} f_{cd}$	– Compressão pura – Banzo de compressão comprimido por flexão de vigas, lajes e paredes

Tab. 3.1 (continuação)

Tipo de solicitação	Notação	Resistência	Aplicações
Biela fissurada com tração ortogonal	f_{cd2}	$0,6\alpha_{v2}f_{cd}$	– Bielas em formato de garrafa – Elementos com deformação lateral imposta
Biela fissurada com tração diagonal			– Almas de vigas sujeitas à cortante e à torção – Almas de vigas-parede
Concreto sem controle de fissuras	-	Não aplicável	– Lajes sem armadura de cisalhamento submetidas a esforços elevados (por exemplo, punção)

em que:

$\alpha_{v2} = \left(1 - \dfrac{f_{ck}}{250}\right)$, $20 \leq f_{ck} \leq 90$ MPa;

$f_{cd} = f_{ck}/\gamma_c$;

σ_1 é a tensão principal mínima de compressão (em módulo).

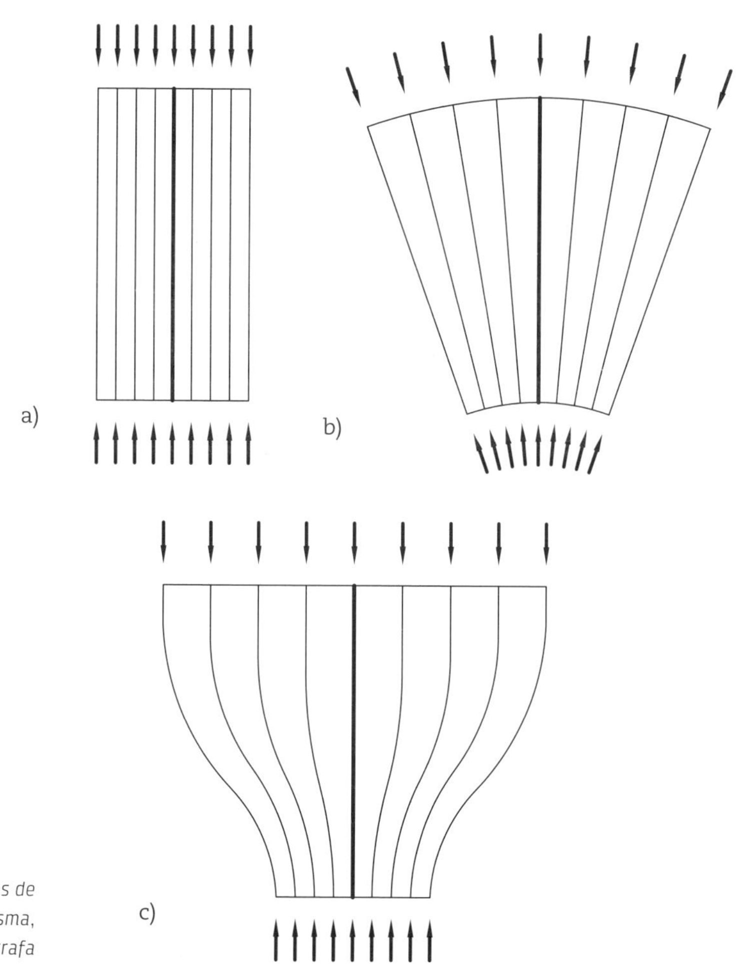

Fig. 3.6 *Campos de tensões de compressão básicos: a) prisma, b) leque e c) garrafa*

3.3.3 Nós

Os nós são fundamentais na análise de uma estrutura através de campos de tensões e modelos de bielas e tirantes. Esses elementos possuem estados de tensões diferentes e precisam ser verificados separadamente.

Na análise via modelos de bielas e tirantes, é usual os nós governarem o dimensionamento dos elementos estruturais. Verificações ou detalhamentos inadequados podem reduzir significativamente a resistência de um membro estrutural.

Os nós, no plano, podem ser classificados em quatro categorias:

- *Nós CCC (Fig. 3.7)*: são aqueles em que apenas forças de compressão são equilibradas. Exemplos: apoio interno de uma viga contínua e quinas de consolos.
- *Nós CCT (Fig. 3.8)*: são aqueles que ancoram barras tracionadas em apenas uma direção. Exemplos: apoio extremo de vigas e região de aplicação da carga direta em consolos.
- *Nós CTT (Fig. 3.9)*: são aqueles que ancoram barras tracionadas em duas direções. Esse tipo é muito comum em nós de pórticos e consolos submetidos à carga indireta.
- *Nós TTT*: são aqueles em que apenas tirantes confluem para o nó. Deve-se prestar especial atenção à ancoragem da armadura, e o confinamento do nó com o auxílio de estribos ou quadros é recomendado. É desejável evitar a utilização desse tipo de nó.

Resistência dos nós

Segundo Schäfer (2010a), pode-se definir dois tipos de nó: contínuo ou singular (Fig. 3.10). O nó contínuo não é crítico para o dimensionamento do elemento desde que ancoragem suficiente seja fornecida para as barras que representam o tirante.

Por outro lado, os nós singulares (por exemplo, nó I da Fig. 3.10) normalmente governam o dimensionamento dos elementos estruturais, pois são regiões de concentração de tensões. Detalhamento incorreto de um nó singular é a causa mais frequente de insuficiência de resistência de elementos de concreto armado (Schäfer, 2010a).

Em nós do tipo CCC, é necessário apenas verificar se as tensões são menores que a resistência do nó. Segundo a NBR 6118 (ABNT, 2014), deve-se verificar a inequação:

$$\sigma_{cd} \le f_{cd1} = 0{,}85\alpha_{v2} f_{cd} \tag{3.3}$$

No caso de nó tipo CCC pseudo-hidrostático, com $\sigma_{cd1} = \sigma_{cd2} = \sigma_{cd3} = \sigma_{cd}$, as faces do nó são perpendiculares ao eixo das bielas (Fig. 3.7). Nesse caso, basta verificar se σ_{cd} é menor ou igual a f_{cd1}. Em caso contrário, como mostra a Fig. 3.11, o eixo de pelo menos uma biela será oblíquo em relação à face do nó. Se uma das bielas se mantém com eixo ortogonal em relação à face do nó, como a biela vertical da

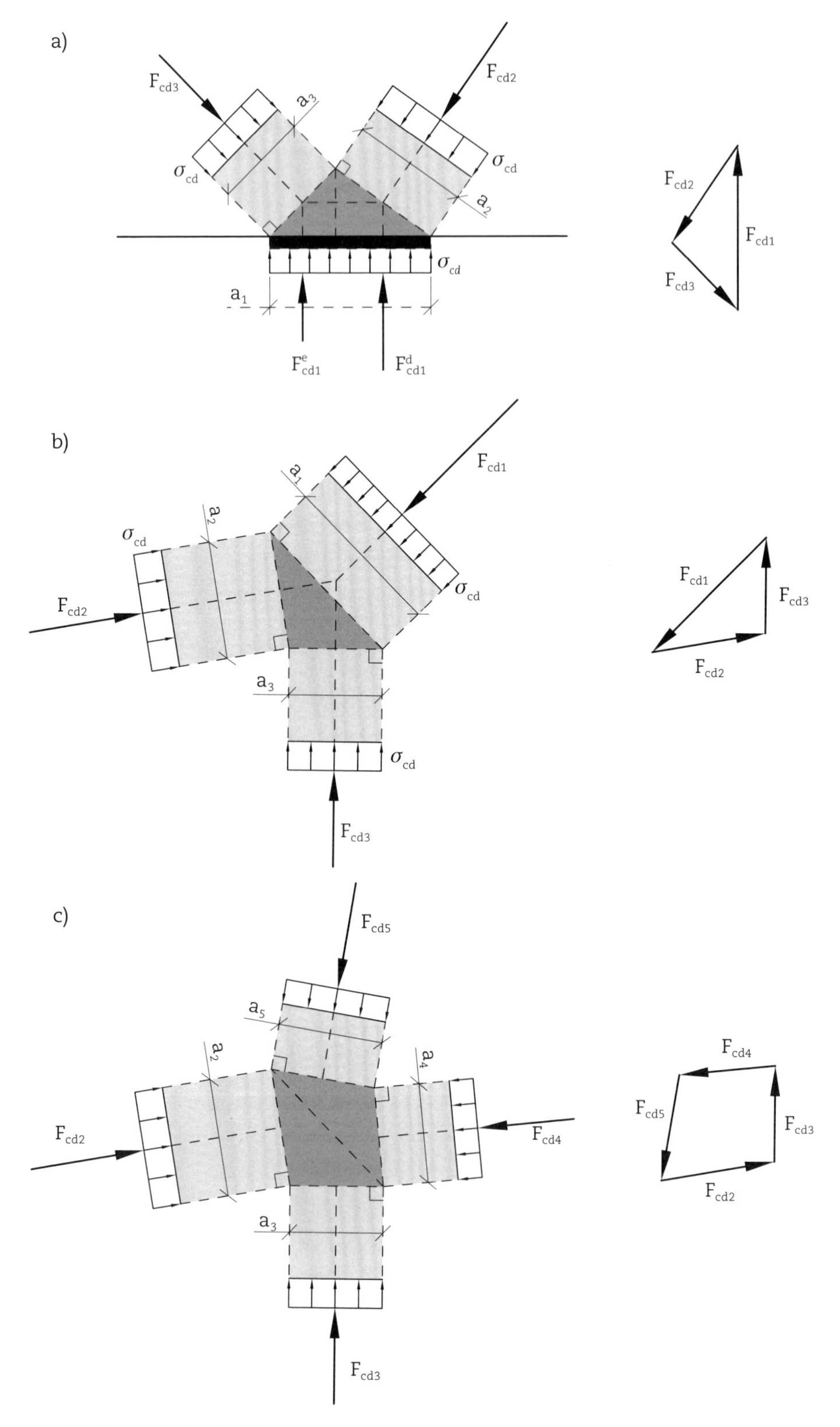

Fig. 3.7 *Geometria de nós CCC*

Fig. 3.11, então σ_{cd1} é uma tensão principal. Logo, basta verificar as tensões σ_{cd1} e σ_{cd0} (tensões principais) em relação a f_{cd1}, ou seja:

$$\sigma_{cd1} = \frac{F_{cd1}}{ba_1} \leq f_{cd1}$$
$$\sigma_{cd0} = \frac{F_{cd1}}{ba_0} \leq f_{cd1} \tag{3.4}$$

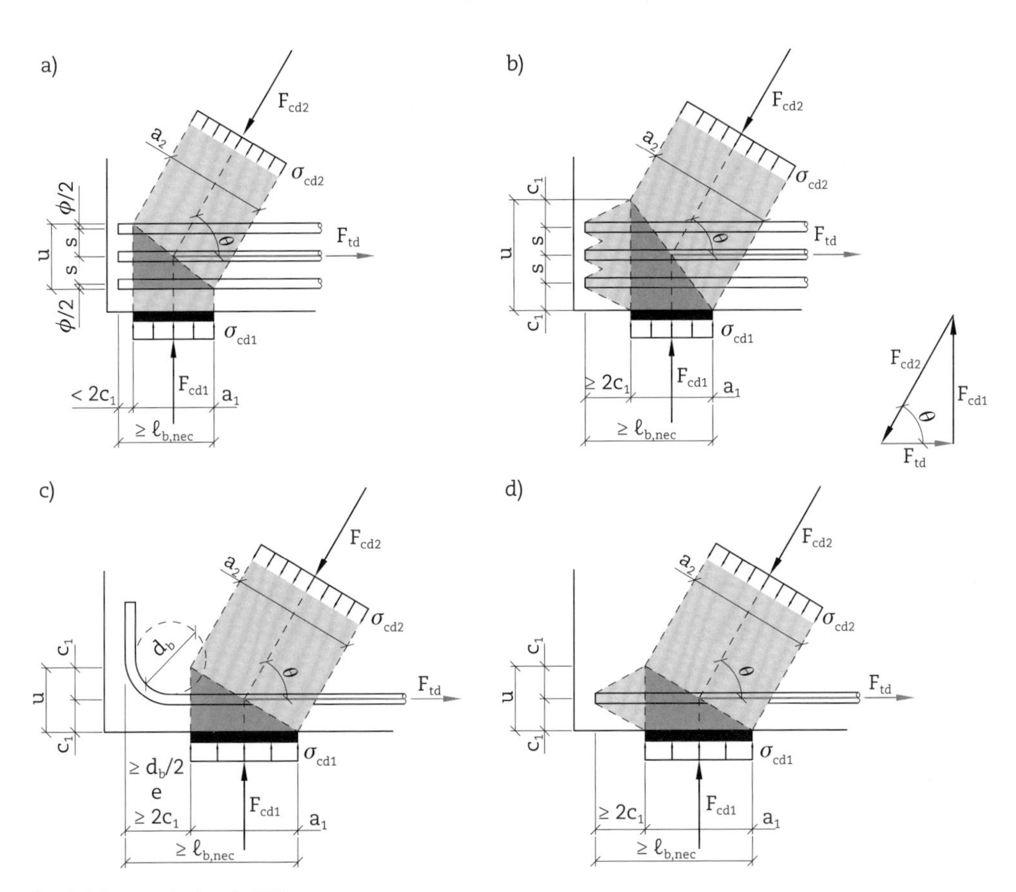

Fig. 3.8 *Geometria de nós CCT*

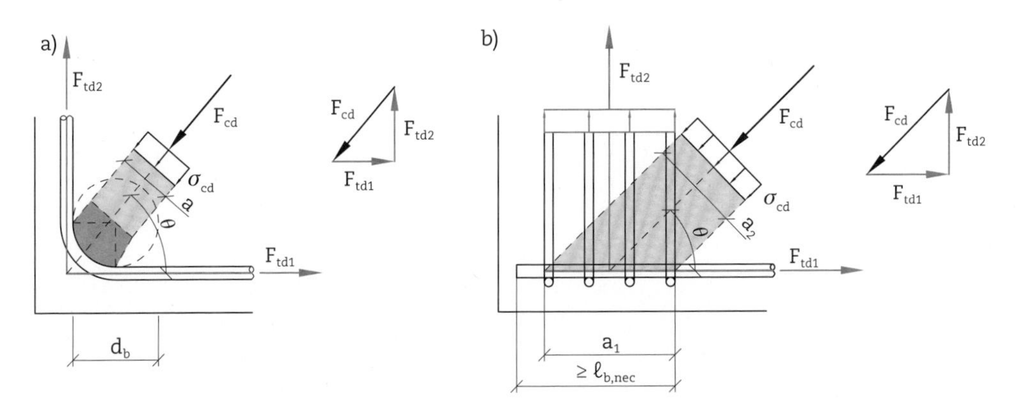

Fig. 3.9 *Geometria de nós CTT*

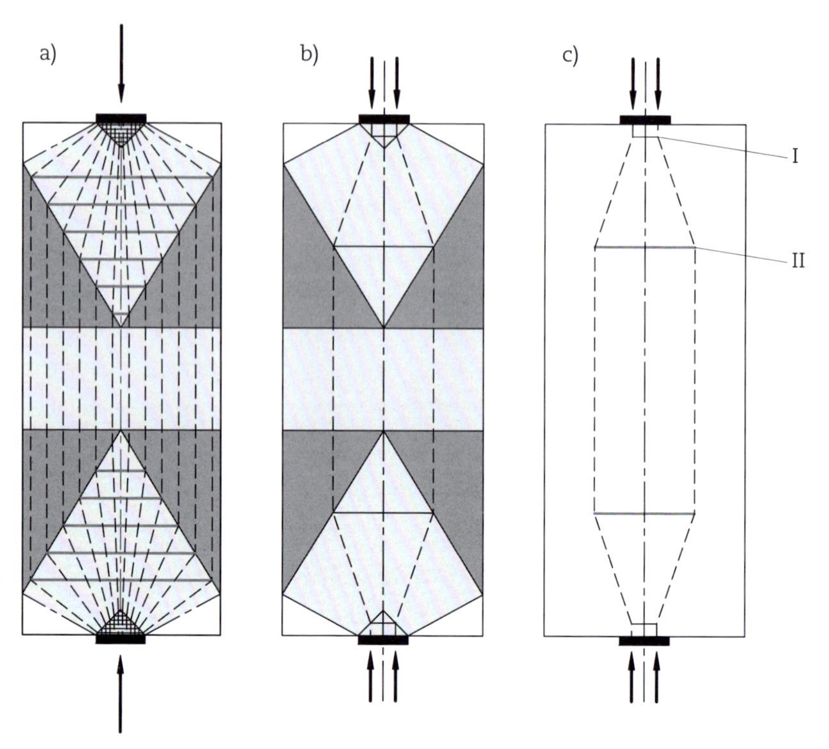

Fig. 3.10 *Nós singulares (I) e nós contínuos (II): a) campos de tensões com armadura transversal distribuída, b) campos de tensões e c) modelo de bielas e tirantes resultante*

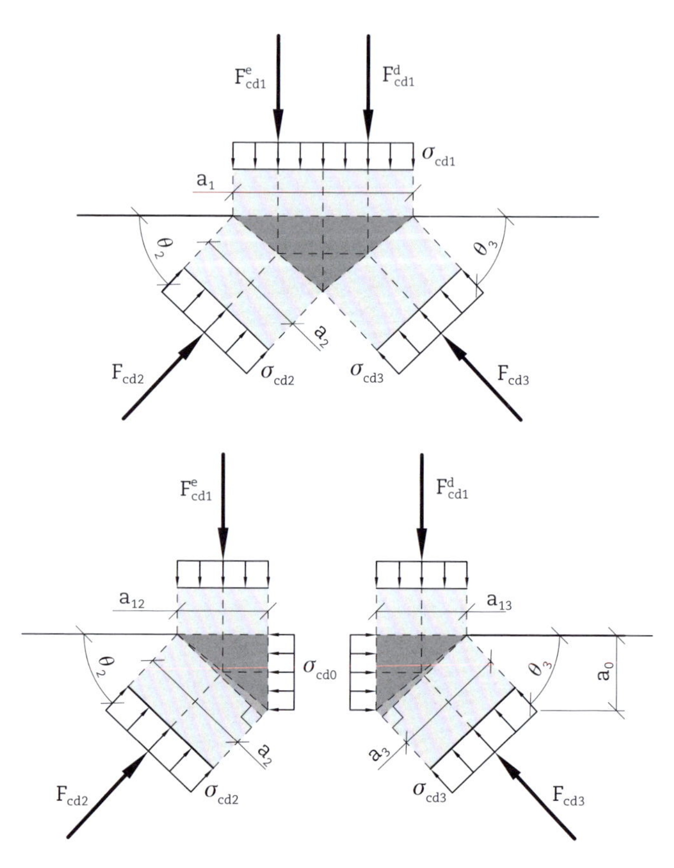

Fig. 3.11 *Nó CCC em que as tensões nas bielas são diferentes*

Se o nó fosse pseudo-hidrostático, a_0 seria determinado por:

$$a_0 = \frac{a_1}{\mathrm{tg}\theta_2 + \mathrm{tg}\theta_3} = \lambda a_1$$
$$\lambda = \left(\mathrm{tg}\theta_2 + \mathrm{tg}\theta_3\right)^{-1} \quad (3.5)$$

Com base na Eq. 3.5, pode-se afirmar que, se $a_0 < \lambda a_1$, então $\sigma_{cd0} > \sigma_{cd1}$, e em geral essa é a condição em um apoio intermediário de uma viga. Se $a_0 > \lambda a_1$, então a tensão vertical é maior.

No nó comprimido, é fácil perceber que as forças confluem e se equilibram através de tensões compressivas diretas, embora isso ocorra também em nó compressão-tração. Essa comparação fica clara quando se considera o nó compressão-tração ideal com placas de ancoragem (Fig. 3.12a), pois nele a placa transfere a força de tração da armadura por "detrás" do nó, provocando tensões de compressão nessa região.

Situação similar ocorre quando a armadura é toda ancorada através de aderência (ver Cap. 4) fora da região nodal, como mostra a Fig. 3.12b. A transferência da força na barra para o nó se desenvolve por tensões de compressão, desenvolvidas essencialmente nas saliências da barra, permitindo considerar a resistência desse nó igual à de um nó CCC.

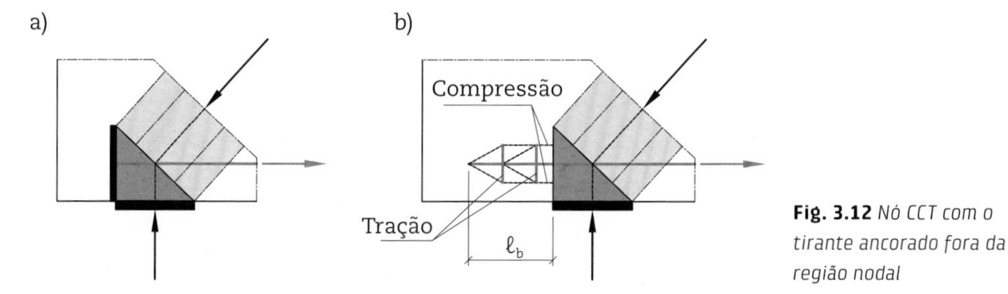

Fig. 3.12 *Nó CCT com o tirante ancorado fora da região nodal*

A ancoragem por aderência começa onde as trajetórias de tensões compressivas se encontram com a barra e são desviadas por tensões de aderência. Na Fig. 3.8, a ancoragem é considerada a partir da face do apoio. As barras devem atravessar todo o campo de compressão e se estender de modo que as tensões de cisalhamento sejam menores ou iguais à resistência de aderência (ver Cap. 4).

No caso de a largura do apoio não ser suficiente para ancorar as barras, pode-se assumir que o excesso de barra além da projeção do apoio produz uma parcela da força a ser desviada por compressão, e não por cisalhamento dentro do nó (Fig. 3.8). O efeito prático dessa compressão por "detrás" do nó é o aumento da largura da biela em relação à solução por cisalhamento apenas na região nodal (Fig. 3.13).

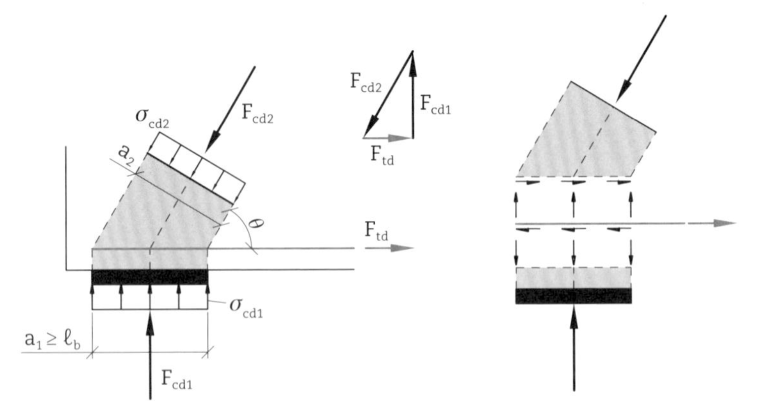

Fig. 3.13 *Nó CCT com ancoragem por aderência apenas na região nodal*

A resistência do nó CCT segundo a NBR 6118 (ABNT, 2014) é:

$$f_{cd3} = 0{,}72\alpha_{v2}f_{cd} \tag{3.6}$$

Modelos de bielas e tirantes desenhados no plano horizontal do nó mostram que existem forças transversais de tração no nó. Sua localização e magnitude dependem do detalhamento das barras na largura da viga ou viga-parede (ver Fig. 3.14) (Schäfer, 2010a). Essas trações transversais justificam a resistência do nó tipo CCT ser menor que a do nó tipo CCC.

A Fig. 3.14 mostra que o nó deve ser analisado em três dimensões. Por exemplo, se as barras longitudinais forem muito afastadas, as trações transversais serão grandes e deverão ser adequadamente resistidas por armadura nessa direção. Usualmente essa função é do ramo inferior do estribo.

A geometria do nó CCT deve ser estudada com cuidado e ser consistente com o modelo de bielas e tirantes adotado. A região nodal deve ser detalhada de modo que as forças resultantes das tensões compressivas de bielas e das armaduras que representam os tirantes, cujas tensões são assumidas uniformes, atuem no centroide da face do nó.

A região nodal pode ser idealizada conforme a Fig. 3.8. As armaduras devem atravessar toda a região nodal sobre o apoio. O excesso de comprimento da armadura atrás do nó é necessário para ativar o volume total dessa região nodal. A altura efetiva u do nó pode ser assumida como sendo (Schäfer, 2010a):

- Para uma única camada sem excesso de barra atrás do nó (Fig. 3.13):

$$u = 0 \tag{3.7}$$

- Para uma única camada com um mínimo comprimento em excesso de barra além do nó de $2c_1$ ou $d_b/2$ (Fig. 3.8c,d):

$$u = 2c_1 \tag{3.8}$$

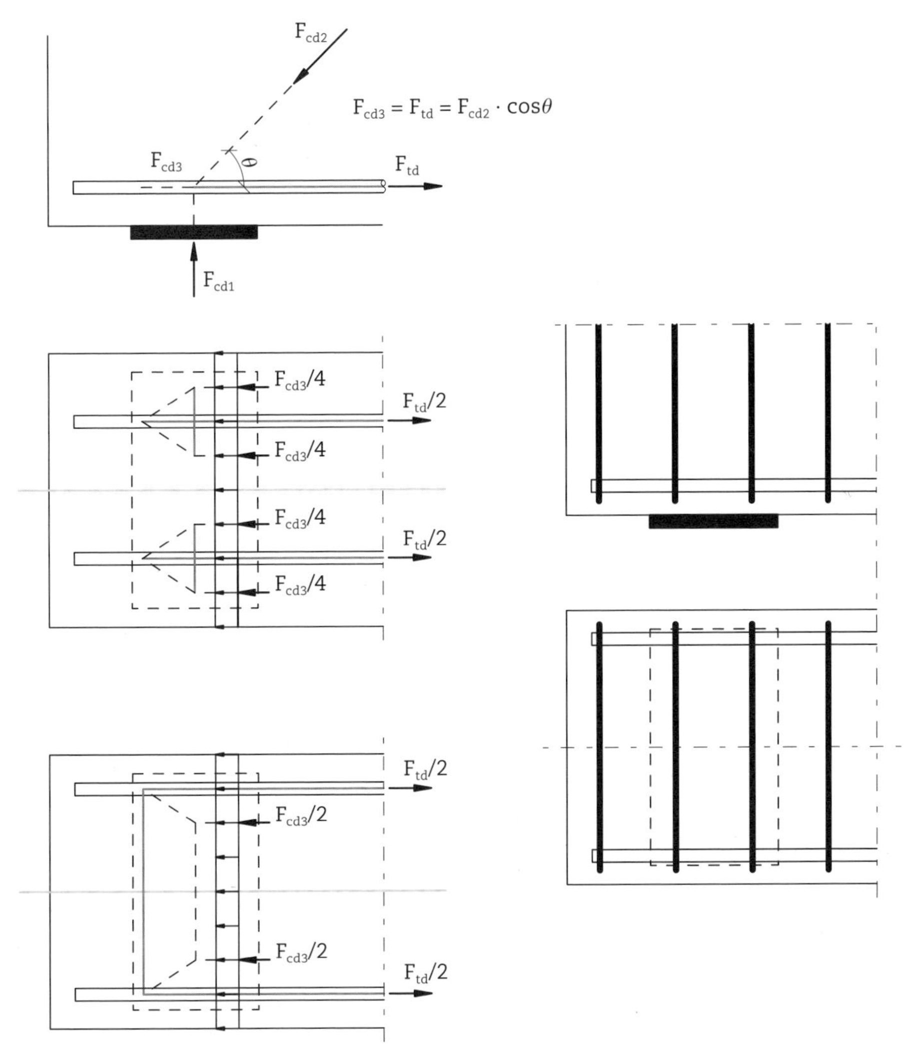

Fig. 3.14 *Forças transversais em um apoio devidas à ancoragem das barras: a) modelo longitudinal, b) modelos de bielas e tirantes para dois tipos de detalhamento das armaduras e c) armadura transversal para os dois casos*
Fonte: adaptado de Schäfer (2010a).

- Para *n* camadas com espaçamento s (dentro dos padrões normativos) entre camadas e sem excesso de barra atrás do nó (Fig. 3.8a):

$$u = (n - 1)s + \varnothing \tag{3.9}$$

- Para *n* camadas com espaçamento s (dentro dos padrões normativos) entre camadas e com um comprimento mínimo de $2c_1$ ou s (Fig. 3.8b):

$$u = 2c_1 + (n - 1)s' \tag{3.10}$$

A largura da biela inclinada é determinada por:

$$a_2 = a_1 \operatorname{sen} \theta + u \cos \theta \tag{3.11}$$

Os nós tipo CCT das figuras anteriores são muito comuns (apoio de viga ou viga-parede, consolo com carga direta), e exemplos numéricos podem ser vistos nos próximos capítulos.

Para o nó tipo CTT mostrado na Fig. 3.9a, valem as mesmas considerações feitas para os nós tipo CCT. No entanto, ao substituir a compressão dada pelo apoio direto pela tração fornecida por uma armadura vertical (apoio indireto), a resistência do nó é menor por conta das complexas tensões de tração e do grau de fissuração nessa região. A NBR 6118 (ABNT, 2014) considera a resistência do nó CTT como sendo:

$$f_{cd2} = 0{,}6\alpha_{v2} f_{cd} \tag{3.12}$$

Esse tipo de nó é comum em dente Gerber (Cap. 7).

O nó tipo CTT com barras dobradas (Fig. 3.9b) é muito comum em nó de pórtico (Cap. 8). Esse tipo de nó ocorre quando a força da biela é equilibrada pela resultante de pressões radiais das barras dobradas. Como as tensões no concreto não agem em ângulos retos em relação à superfície das barras, sempre existirá alguma aderência envolvida, em particular se as forças nas armaduras forem diferentes nas duas extremidades da dobra (Schäfer, 2010a).

A geometria do nó pode ser idealizada, conforme a Fig. 3.9b, com a largura da biela igual a:

$$a = \text{menor entre} \begin{cases} d_b \operatorname{sen}\theta \\ d_b \cos\theta \end{cases} \tag{3.13}$$

O raio de curvatura d_b deve respeitar os valores mínimos normativos. Os diâmetros mínimos das normas e códigos são estabelecidos de maneira que seja evitada uma ruptura local na região de ancoragem para um gancho individual. No entanto, esses valores não são suficientes para prevenir tensões inadmissíveis nas bielas em que os nós possuem barras muito próximas ou em várias camadas (Schäfer, 2010a). O raio de curvatura das barras deve ser determinado através do cálculo das tensões na biela e de maneira que a geometria permita, uma vez que esses raios podem ser exagerados (ver Cap. 8).

TRANSFERÊNCIA DE FORÇA ENTRE A ARMADURA E O CONCRETO

A transferência de força entre armadura e concreto é um problema muito complexo e é caracterizada por ruptura brusca. Esse tipo de comportamento não deve governar o dimensionamento de um elemento e, por isso, fatores de segurança adicionais embutidos nas prescrições normativas normalmente são utilizados.

Existem algumas tentativas de criar uma teoria racional para o problema de aderência e ancoragem, mas os modelos são muito complexos para o uso corrente em projeto e, portanto, o seu emprego é limitado à comunidade científica e, possivelmente, à engenharia forense.

As expressões de resistência de aderência aço-concreto que governam a ancoragem e o transpasse entre barras são baseadas em regras semiempíricas obtidas através de ensaios.

4.1 Aderência de barras retas isoladas

4.1.1 Mecanismo de transferência por aderência

O mecanismo principal de transferência de forças entre barras lisas e o concreto é a adesão entre aço e concreto, sendo que o modo de ruptura é o deslizamento da armadura ou o seu arrancamento. Em barras de alta aderência (barras corrugadas), a transferência de forças é realizada através de saliências na armadura.

A distribuição de tensões nas regiões de ancoragem e transpasse por aderência é complexa, mas pode simplificadamente ser descrita por um campo de tensões axissimétrico, que pode ser visualizado na Fig. 4.1. Nesse caso, é possível perceber que o desvio das forças de compressão diagonais (*bursting forces*) é garantido por um campo de tensões de tração em forma de anel.

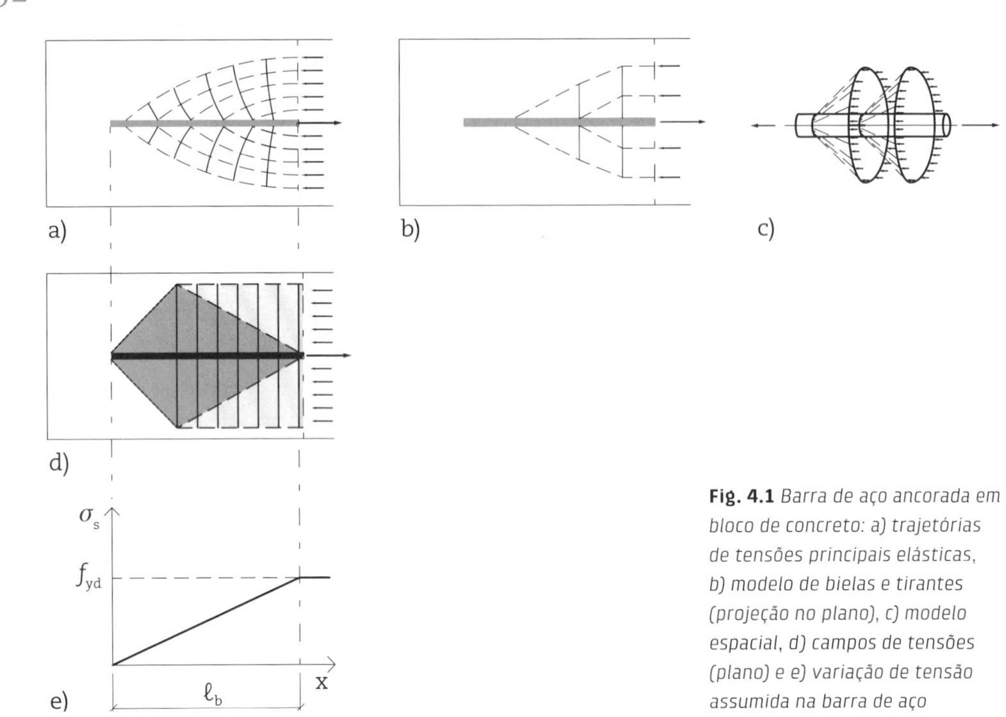

Fig. 4.1 *Barra de aço ancorada em bloco de concreto: a) trajetórias de tensões principais elásticas, b) modelo de bielas e tirantes (projeção no plano), c) modelo espacial, d) campos de tensões (plano) e e) variação de tensão assumida na barra de aço*

A partir da simplificação da Fig. 4.1, pode-se concluir que os parâmetros mais importantes na determinação da resistência de aderência são:

- comprimento de ancoragem;
- resistência à tração do concreto;
- espaçamento entre barras e cobrimento mínimo, que permitem o desenvolvimento do anel de tração;
- conformação superficial da barra;
- confinamento transversal (tração transversal tem efeito negativo);
- armadura transversal (costura) ou em espiral (confinamento passivo).

Em geral, as diagonais comprimidas não são críticas, pois trata-se de estado triplo de tensões. Adicionalmente, essas conclusões têm suporte em ensaios, em que é possível observar outros indicadores, que são (fib, 2014):

- a resistência de ancoragens e transpasses por aderência pode ser descrita pela mesma expressão;
- a resistência média de aderência reduz com o aumento do comprimento de ancoragem;
- a resistência de aderência cresce com o aumento da resistência do concreto, do cobrimento mínimo e da armadura de confinamento;
- quanto menor o diâmetro da barra, maior a tensão resistente de aderência, ou seja, existe efeito de escala.

4.1.2 Modos de ruptura

Os modos de ruptura por fendilhamento são, geralmente, os determinantes na definição da resistência da ancoragem, e os mais importantes são mostrados na Fig. 4.2.

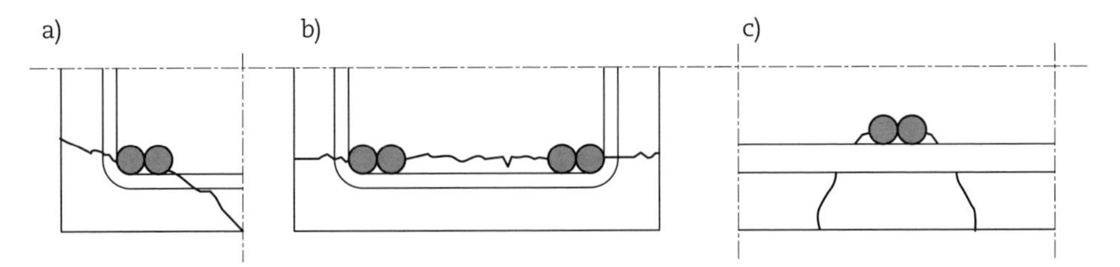

Fig. 4.2 *Modos de ruptura por fendilhamento*
Fonte: adaptado de fib (2014).

No modo de ruptura por fendilhamento de canto, uma fissura inclinada atravessa a barra. O canto é expulso por translação ou rotação, como mostrado na Fig. 4.2a. Os ensaios indicam que esse é um modo de ruptura decisivo em vigas com largura pequena e que a resistência depende de ambos os cobrimentos (vertical e lateral). A Fig. 4.2b mostra o modo de ruptura em que toda a face é expulsa.

No modo de ruptura por fendilhamento de face (Fig. 4.2c), uma área em formato de V é expulsa de forma parecida a uma ruptura por punção. Nesse modo, a costura fornecida pela armadura transversal é menos efetiva do que no canto.

4.1.3 Resistência de aderência

A aderência é a ação das forças de ligação entre aço e concreto que se opõem ao deslizamento da armadura. É um fenômeno fundamental, pois sem ela não seria possível a existência do concreto armado.

A aderência pode ser descrita como a variação de força ao longo da barra dividida pela área da superfície da barra em que essa variação ocorre (fib, 2014):

$$f_b = \frac{\Delta\sigma_s A_s}{\pi \varnothing \ell_b} \tag{4.1}$$

em que:

f_b é a tensão média de aderência ao longo de ℓ_b;

$\Delta\sigma_s$ é a variação de tensão na barra ao longo de ℓ_b;

A_s é a área da seção transversal da barra;

$\varnothing$ é o diâmetro da barra;

ℓ_b é o comprimento de aderência (ou ancoragem) onde $\Delta\sigma_s$ ocorre.

Observação: aderência é *bond* em inglês, por isso o índice *b* nas fórmulas de aderência.

A simplicidade da Eq. 4.1 pode ser mal interpretada; a avaliação da resistência de aderência é complexa e, embora haja, em geral, um consenso sobre os parâmetros que influenciam essa resistência, a quantificação dos efeitos de cada parâmetro varia bastante (fib, 2014).

A resistência de aderência pode ser aumentada por características complementares que contribuem com a transferência de forças entre aço e concreto. Essas características incluem, por exemplo, barras transversais soldadas e não soldadas, ganchos ou laços no fim da barra e placa de ancoragem. A avaliação da contribuição de cada mecanismo complementar é muito complexa, uma vez que existem diferenças significativas no comportamento aderência-escorregamento de cada um deles. Além disso, a resistência combinada depende bastante da interação entre o mecanismo complementar e o trecho reto da barra.

4.1.4 Influência da aderência no comportamento estrutural

A aderência entre aço e concreto influencia o comportamento das estruturas de várias maneiras; inclusive, o detalhamento inadequado da armadura e da transferência de forças entre aço e concreto é a causa mais frequente de acidentes estruturais envolvendo falhas de projeto.

Em serviço ou no estado-limite de serviço (ELS), a aderência entre aço e concreto influencia a largura e o espaçamento de fissuras transversais, a contribuição do concreto entre fissuras (*tension stiffening*) e a curvatura.

No estado-limite último (ELU), a aderência é responsável pela resistência de ancoragem e pelo transpasse de barras, além de influenciar a capacidade de rotação de rótulas plásticas.

4.1.5 Resistência de aderência segundo a NBR 6118 (ABNT, 2014)

A resistência de aderência da NBR 6118 (ABNT, 2014) é baseada no Model Code 1990 (CEB, 1993).

A NBR 6118 (ABNT, 2014) reconhece o efeito benéfico das armaduras transversais e prescreve que, exceto em regiões situadas sobre apoios diretos, as ancoragens por aderência devem ser confinadas por armaduras transversais ou pelo próprio concreto. O que a norma considera como confinamento do concreto é o efeito do cobrimento mínimo para o desenvolvimento do anel de tração sem limitações pela face do elemento ou influência de barras próximas. Nessa norma, o confinamento do concreto é considerado quando o cobrimento da barra ancorada e a distância entre barras ancoradas forem maiores ou iguais a 3Ø.

A resistência de aderência (item 9.3.2.1 da NBR 6118 – ABNT, 2014) é obtida por:

$$f_{bd} = \eta_1 \eta_2 \eta_3 f_{ctd} \tag{4.2}$$

em que:

$f_{ctd} = f_{ctk,inf}/\gamma_c$;

η_1 = 1,0 para barras lisas;

η_1 = 1,4 para barras entalhadas;

η_1 = 2,25 para barras nervuradas;

η_2 = 1,0 para situações de boa aderência;

η_2 = 0,7 para situações de má aderência;

η_3 = 1,0 para Ø < 32 mm;

$\eta_3 = \frac{132 - \varnothing}{100}$ para Ø ≥ 32 mm;

Ø é o diâmetro da barra, em milímetros.

A NBR 6118 (ABNT, 2014) estabelece que, na falta de ensaios para a obtenção da resistência à tração característica inferior do concreto, o valor de $f_{ctk,inf}$ pode ser avaliado pela expressão:

$$f_{ctk,inf} = 0,7 f_{ct,m} \tag{4.3}$$

em que:

$$\begin{aligned} f_{ct,m} &= 0,3 f_{ck}^{2/3}, \quad f_{ck} \leq 50 \text{ MPa} \\ f_{ct,m} &= 2,12 \ln(1 + 0,11 f_{ck}), \quad 50 \text{ MPa} < f_{ck} \leq 90 \text{ MPa} \end{aligned} \tag{4.4}$$

sendo f_{ck} e $f_{ct,m}$ em MPa.

A mesma norma considera, em seu item 9.3.1, as seguintes situações de boa aderência (Fig. 4.3):

- todas as barras com inclinação maior que 45° em relação ao eixo horizontal;
- todas as barras com inclinação em relação à horizontal menor que 45°, desde que estejam até 250 mm do fundo do elemento concretado ou no mínimo a 300 mm do topo.

Os valores de resistência de aderência para barras de alta aderência são mostrados na Tab. 4.1.

4.1.6 Resistência de aderência segundo o Eurocode 2 (CEN, 2004)

A resistência de aderência do Eurocode 2 (CEN, 2004) também é baseada no Model Code 1990 (CEB, 1993), mas apresenta algumas diferenças no que diz respeito ao comprimento de ancoragem e emendas por transpasse em relação à NBR 6118 (ABNT, 2014). As prescrições de aderência segundo o Eurocode 2 são reproduzidas nos comentários da comissão da norma NBR 6118 (Ibracon, 2015).

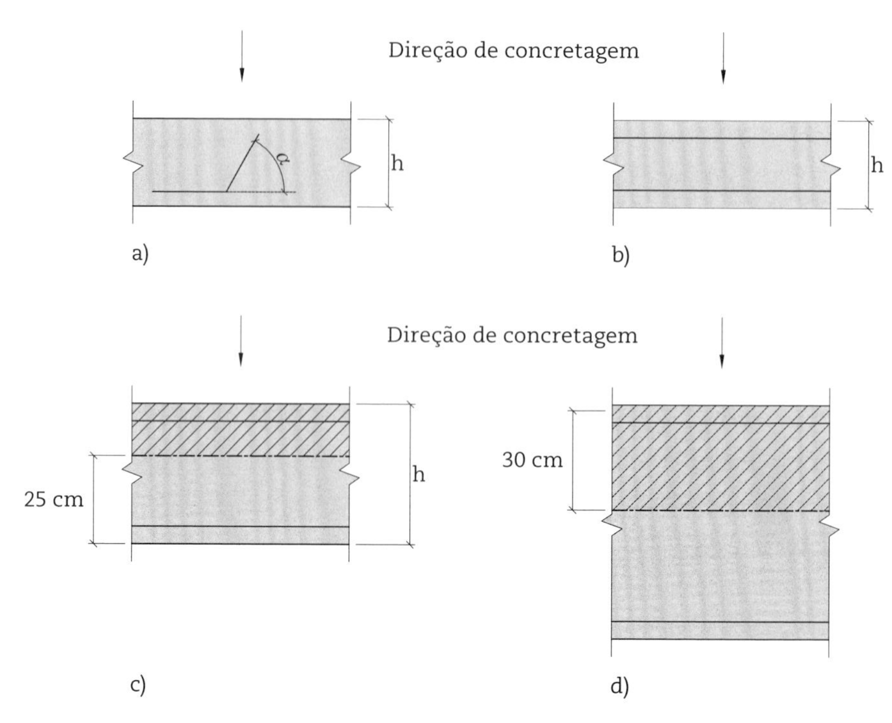

Fig. 4.3 *Descrições das condições de aderência segundo Model Code 1990 (CEB, 1993), Eurocode 2 (CEN, 2004), Model Code 2010 (fib, 2013) e NBR 6118 (ABNT, 2014): a) $45° \leq \alpha \leq 90°$, b) h ≤ 25 cm, c) 25 cm ≤ h ≤ 60 cm e d) h ≥ 60 cm. Em a) e b), há condições de boa aderência para todas as barras. Em c) e d), há condições de boa aderência na zona não tracejada e condições de má aderência na zona tracejada*

Fonte: adaptado de CEN (2004).

Tab. 4.1 Resistência de aderência para barras de alta aderência segundo a NBR 6118 (ABNT, 2014) para diversas resistências de concreto, assumindo γ_c = 1,4 (unidades em MPa)

Condição de aderência											
	f_{ck}	25	30	35	40	45	50	60	70	80	90
	$f_{ct,m}$	2,56	2,90	3,21	3,51	3,80	4,07	4,30	4,59	4,84	5,06
	f_{ctd}	1,28	1,45	1,60	1,75	1,90	2,04	2,15	2,29	2,42	2,53
Boa	f_{bd}	2,89	3,26	3,61	3,95	4,27	4,58	4,84	5,16	5,44	5,70
Má	f_{bd}	2,02	2,28	2,53	2,76	2,99	3,21	3,39	3,61	3,81	3,99

A resistência de aderência do Eurocode 2 (CEN, 2004) é obtida por:

$$f_{bd} = 2,25\eta_2\eta_3 f_{ctd} \tag{4.5}$$

em que:

$f_{ctd} = f_{ctk,0,05}/1,5$;

η_2 e η_3 são idênticos aos da NBR 6118 (ABNT, 2014);

$f_{ctk,0,05} = 0,7 f_{ct,m}$;

$f_{ct,m} = 0,3 f_{ck}^{2/3}$, $f_{ck} \leq 50$ MPa;

$f_{ct,m} = 2,12 \ln(1 + 0,1(f_{ck} + 8))$, 50 MPa $< f_{ck} \leq 90$ MPa.

Com exceção do coeficiente parcial de segurança (γ_c) e de uma ligeira diferença na resistência média à tração para concreto com resistência à compressão maior que 50 MPa, as fórmulas e os parâmetros para barras de alta aderência são iguais aos prescritos pela NBR 6118 (ABNT, 2014).

4.2 Comprimento de ancoragem

4.2.1 Comprimento de ancoragem básico

O comprimento de ancoragem básico é definido como o comprimento mínimo necessário para ancorar uma barra reta imersa no concreto de forma que esta possa desenvolver a tensão de escoamento. Esse comprimento pode ser determinado, de forma simplificada, assumindo que a tensão de aderência é constante no comprimento de ancoragem (ℓ_b), ou seja, que a variação de tensão na barra é linear, portanto:

$$\ell_b = \frac{\varnothing}{4}\frac{f_{yd}}{f_{bd}} \tag{4.6}$$

A Eq. 4.6 é facilmente obtida igualando a força de aderência com a força de escoamento da barra: $\pi\varnothing\,\ell_b f_{bd} = A_s f_{yd}$; a Eq. 4.6 assume $A_s = \pi\varnothing^2/4$.

A NBR 6118 (ABNT, 2014) estabelece um comprimento de ancoragem básico mínimo igual a 25Ø. Os comprimentos de ancoragem básicos em função do diâmetro da barra são mostrados na Tab. 4.2.

Tab. 4.2 Razão entre comprimento de ancoragem básico e diâmetro da barra (ℓ_b/Ø), dependente da resistência à compressão do concreto (f_{ck}) e da condição de aderência. Valores segundo NBR 6118 (ABNT, 2014) e Eurocode 2 (CEN, 2004) para barras de alta aderência

f_{ck} (MPa)	25	30	35	40	45	50	60	70	80	90
NBR 6118 (ABNT, 2014)										
Boa aderência	38	34	30	28	26	25	25	25	25	25
Má aderência	54	48	43	39	36	34	32	30	29	27
Eurocode 2 (CEN, 2004)										
Boa aderência	40	36	32	30	27	25	24	24	24	24
Má aderência	58	51	46	42	39	36	34	34	34	34

4.2.2 Comprimento de ancoragem necessário (NBR 6118 – ABNT, 2014)

O comprimento de ancoragem necessário é obtido por:

$$\ell_{b,nec} = \alpha \ell_b \frac{A_{s,calc}}{A_{s,ef}} \geq \ell_{b,mín} \tag{4.7}$$

em que:

α = 1,0 para barras sem gancho;

α = 0,7 para barras tracionadas com gancho, com cobrimento no plano normal ao do gancho ≥ 3Ø;

α = 0,7 quando houver barras transversais soldadas conforme o item 9.4.2.2 da NBR 6118 (ABNT, 2014);

α = 0,5 quando houver barras transversais soldadas e gancho de acordo com as condições anteriores;

ℓ_b é obtido pela Eq. 4.6;

$\ell_{b,mín}$ é o comprimento de ancoragem mínimo, que, segundo a NBR 6118 (ABNT, 2014), é:

$$\ell_{b,mín} = máx\ (0{,}3\,\ell_b;\ 10Ø;\ 100\ mm)$$

A norma permite, "em casos especiais, considerar outros fatores redutores do comprimento de ancoragem necessário" (ABNT, 2014, p. 38), mas não indica tais fatores. Entretanto, no livro de comentários da NBR 6118 (Ibracon, 2015), que foi elaborado pelos membros da comissão dessa norma, esses valores são esclarecidos e nota-se que são os mesmos do Model Code 1990 (CEB, 1993), que também são utilizados pelo Eurocode 2 (CEN, 2004).

Barras tracionadas com gancho

A NBR 6118 (ABNT, 2014) assume que o gancho é responsável por 30% da força de tração a ser ancorada. Essa hipótese pode ser entendida como o gancho sendo um dispositivo mecânico que resiste a 30% da força, devendo o trecho reto ser responsável por resistir ao restante (Fig. 4.4).

Os ganchos das extremidades das barras da armadura longitudinal de tração podem ser:

- semicirculares, com ponta reta de comprimento não inferior a 2Ø;
- em ângulo de 45° (interno), com ponta reta de comprimento não inferior a 4Ø;
- em ângulo reto, com ponta reta de comprimento não inferior a 8Ø.

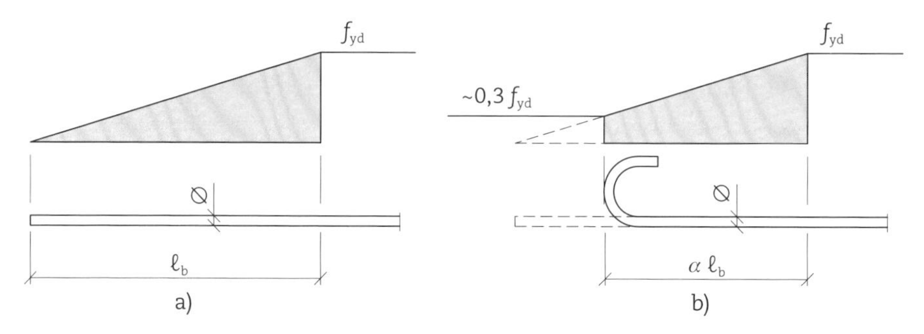

Fig. 4.4 *Variação de tensão simplificada em ancoragens de barras: a) sem gancho e b) com gancho*
Fonte: adaptado de SIA (2003).

Para as barras lisas, os ganchos devem ser semicirculares.

O diâmetro interno da curvatura dos ganchos das armaduras longitudinais de tração deve ser pelo menos igual ao estabelecido na Fig. 4.5.

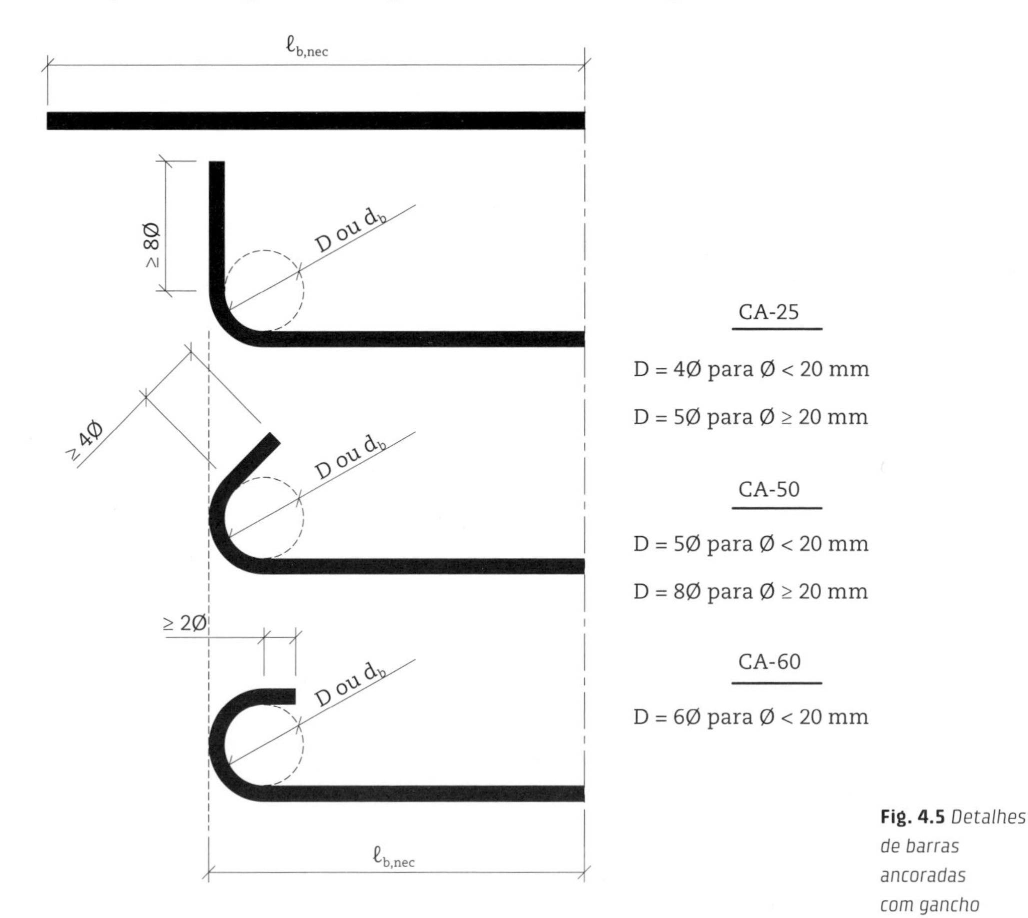

Fig. 4.5 *Detalhes de barras ancoradas com gancho*

Barras transversais soldadas (item 9.4.2.2 da NBR 6118 – ABNT, 2014)

Podem ser utilizadas várias barras transversais soldadas para auxiliar a ancoragem, desde que (ver Fig. 4.6):

- seja o diâmetro da barra soldada $Ø_t \geq 0{,}6Ø$;
- a distância da barra transversal ao ponto de início da ancoragem seja $\geq 5Ø$;
- a resistência ao cisalhamento da solda supere a força mínima de $0{,}3A_s f_{yd}$ (30% da resistência da barra ancorada).

4.2.3 Comprimento de ancoragem de cálculo segundo o Eurocode 2 (CEN, 2004)

Os tipos de ancoragem preconizados pelo Eurocode 2 (CEN, 2004) e que serão detalhados neste livro são mostrados na Fig. 4.7.

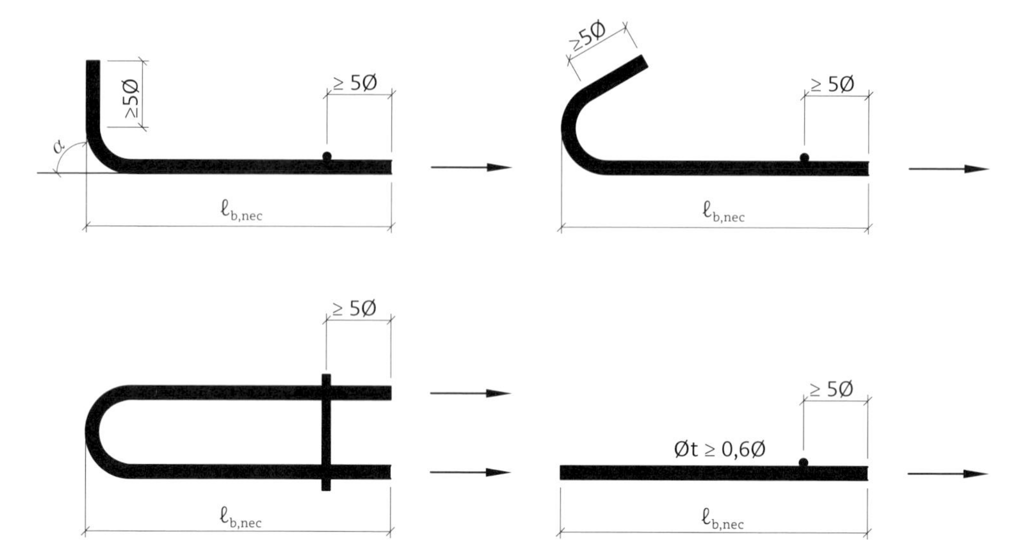

Fig. 4.6 *Ancoragem com barras transversais soldadas*
Fonte: adaptado de ABNT (2014).

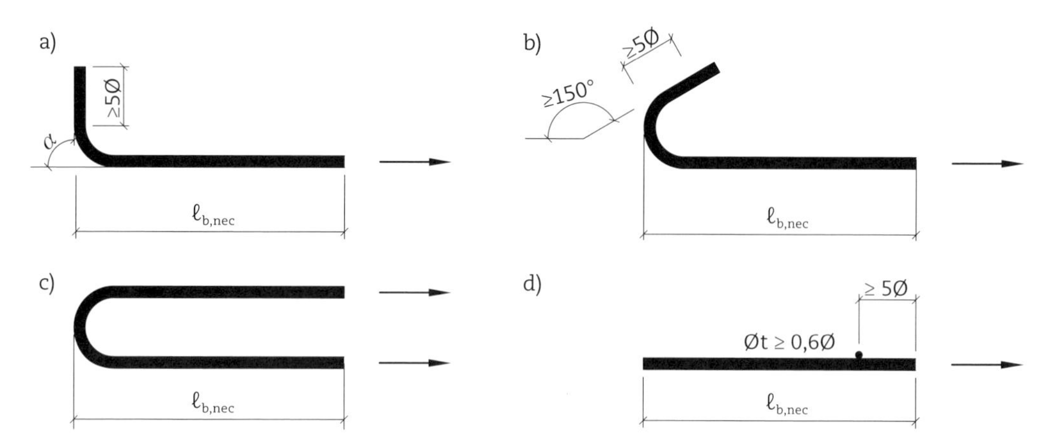

Fig. 4.7 *Tipos de ancoragens: a) "cotovelo" (90° ≤ α < 150°), b) gancho, c) laço e d) barra transversal soldada*
Fonte: adaptado de CEN (2004).

O comprimento de ancoragem de cálculo do Eurocode 2 (CEN, 2004) é obtido por:

$$\ell_{b,nec} = \alpha_1\alpha_2\alpha_3\alpha_4\alpha_5\ell_b \frac{A_{s,calc}}{A_{s,ef}} \geq \ell_{b,mín} \tag{4.8}$$

em que:

α_1, α_2, α_3, α_4 e α_5 são os fatores indicados na Tab. 4.3;

α_1 leva em consideração a forma das barras, admitindo um cobrimento adequado;

α_2 leva em consideração o efeito do cobrimento mínimo do concreto (Fig. 4.8);

α_3 leva em consideração o efeito das armaduras transversais não soldadas (Fig. 4.9);

α_4 leva em consideração a influência de uma ou mais barras transversais soldadas ($Ø_t \geq 0{,}6Ø$) ao longo do comprimento de ancoragem de cálculo $\ell_{b,nec}$;

α_5 leva em consideração o efeito da pressão ortogonal ao plano de fendilhamento ao longo do comprimento de ancoragem de cálculo $\ell_{b,nec}$;

o produto $\alpha_2\alpha_3\alpha_5$ deve ser maior ou igual a 0,7;

ℓ_b é obtido pela Eq. 4.6;

$\ell_{b,mín}$ é o comprimento de ancoragem mínimo se não existir outra limitação:

- para ancoragens de barras tracionadas: $\ell_{b,mín} = máx\ (0{,}3\ell_b;\ 10\varnothing;\ 100\ mm)$;
- para ancoragens de barras comprimidas: $\ell_{b,mín} = máx\ (0{,}6\ell_b;\ 10\varnothing;\ 100\ mm)$.

Observação: algumas notações do Eurocode 2 (CEN, 2004) foram modificadas para facilitar a comparação com a NBR 6118 (ABNT, 2014).

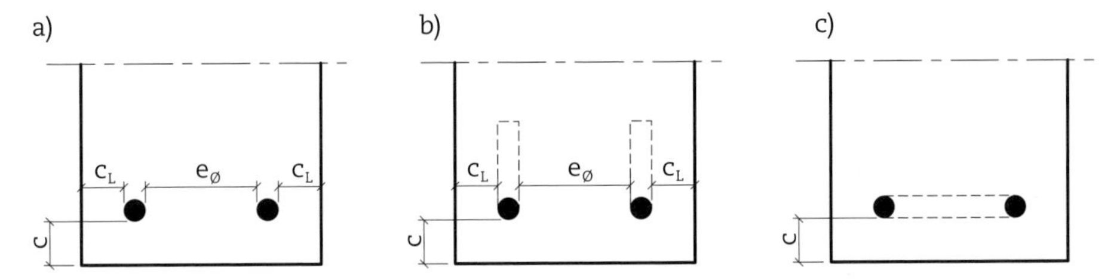

Fig. 4.8 *Valores de* c_d *para vigas e lajes: a) barras retas,* $c_d = mín(e_\varnothing/2, c_L)$*, b) barras com gancho,* $c_d = mín(e_\varnothing/2, c_L, c)$*, e c) laços,* $c_d = c$

Fonte: adaptado de CEN (2004).

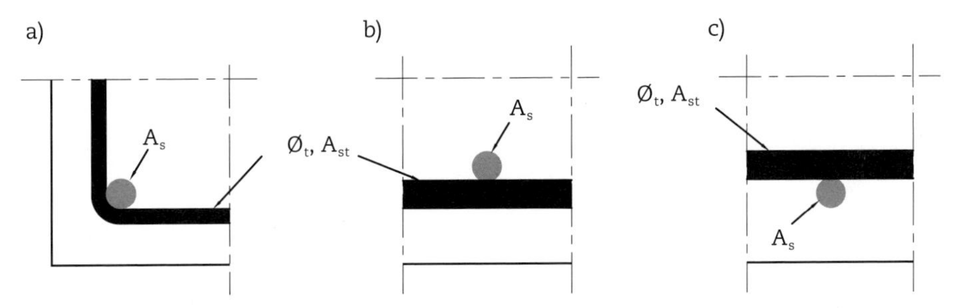

Fig. 4.9 *Valores de K para vigas e lajes: a) K = 0,1, b) K = 0,05 e c) K = 0,0*

Tab. 4.3 Valores dos coeficientes α_1, α_2, α_3, α_4 e α_5 segundo o Eurocode 2 (CEN, 2004)

Fator de influência	Tipo de ancoragem	Armadura	
		Tracionada	Comprimida
Forma das barras	Reta	$\alpha_1 = 1{,}0$	$\alpha_1 = 1{,}0$
	Barras com gancho ou laço (ver Fig. 4.7a,b,c)	$\alpha_1 = 0{,}7$, se $c > 3\varnothing$ Caso contrário, $\alpha_1 = 1{,}0$	$\alpha_1 = 1{,}0$
Cobrimento das armaduras (c)	Reta	$\alpha_2 = 1 - 0{,}15\dfrac{(c-\varnothing)}{\varnothing}$ $0{,}7 \le \alpha_2 \le 1{,}0$	$\alpha_2 = 1{,}0$
	Barras com gancho ou laço (ver Fig. 4.7a,b,c)	$\alpha_2 = 1 - 0{,}15\dfrac{(c-3\varnothing)}{\varnothing}$ $0{,}7 \le \alpha_2 \le 1{,}0$	$\alpha_2 = 1{,}0$

Tab. 4.3 (continuação)

Fator de influência	Tipo de ancoragem	Armadura	
		Tracionada	Comprimida
Barras transversais não soldadas	Qualquer (ver Fig. 4.9 para valores de K)	$\alpha_3 = 1 - K\lambda$ $0{,}7 \leq \alpha_3 \leq 1{,}0$	$\alpha_3 = 1{,}0$
Barras transversais soldadas	Qualquer (ver Fig. 4.7d)	$\alpha_4 = 0{,}7$	$\alpha_4 = 0{,}7$
Confinamento por compressão transversal	Qualquer	$\alpha_5 = 1 - 0{,}04p$ $0{,}7 \leq \alpha_5 \leq 1{,}0$	-

em que:

$\lambda = (\sum A_{st} - \sum A_{st,min})/A_s$;

$\sum A_{st}$ é a área de aço da seção das armaduras transversais ao longo do comprimento de ancoragem de cálculo;

$\sum A_{st,min}$ é a área mínima da seção das armaduras transversais: $0{,}25A_s$ para vigas e 0 para lajes;

A_s é a área de uma única barra ancorada, a de maior diâmetro;

K possui os valores da Fig. 4.9;

p é a pressão transversal (MPa) no estado-limite último ao longo de $\ell_{b,nec}$.

4.2.4 Ancoragem de estribos (NBR 6118 – ABNT, 2014)

A ancoragem dos estribos deve necessariamente ser garantida por meio de ganchos ou barras transversais soldadas.

Ganchos dos estribos

Os ganchos dos estribos podem ser (ver Fig. 4.10):

- semicirculares ou em ângulo de 45° (interno), com ponta reta de comprimento igual a $5\emptyset_t$, porém não inferior a 5 cm;
- em ângulo reto, com ponta reta de comprimento maior ou igual a $10\emptyset_t$, porém não inferior a 7 cm (esse tipo de gancho não pode ser utilizado para barras e fios lisos).

O diâmetro interno da curvatura dos estribos deve ser no mínimo igual ao valor dado na Tab. 4.4.

Tab. 4.4 Diâmetro dos pinos de dobramento para estribos

Bitola (mm)	Tipo de aço		
	CA-25	CA-50	CA-60
$\emptyset_t \leq 10$	$3\emptyset_t$	$3\emptyset_t$	$3\emptyset_t$
$10 < \emptyset_t < 20$	$4\emptyset_t$	$5\emptyset_t$	-
$\emptyset_t \geq 20$	$5\emptyset_t$	$8\emptyset_t$	-

Barras transversais soldadas

Desde que a resistência ao cisalhamento da solda para uma força mínima de $A_s f_{yd}$ (força resistente da barra ancorada) seja comprovada por ensaio, pode ser feita a ancoragem de estribos por meio de barras transversais soldadas, de acordo com a Fig. 4.10, obedecendo às condições dadas a seguir:

- duas barras soldadas com diâmetro $\varnothing_{t1} > 0{,}7\varnothing_t$ para estribos constituídos por um ou dois ramos;
- uma barra soldada com diâmetro $\varnothing_{t1} \geq 1{,}4\varnothing_t$ para estribos de dois ramos.

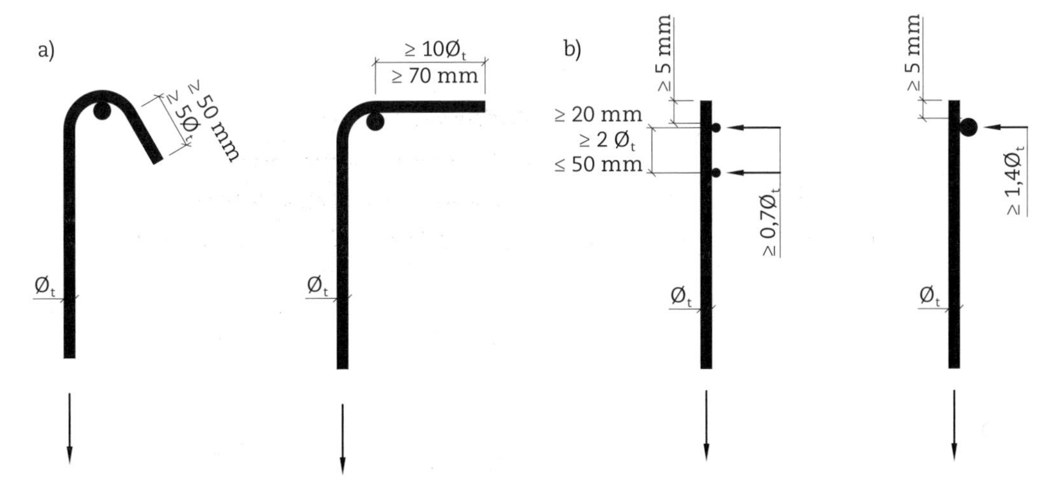

Fig. 4.10 *Ancoragens de estribos: a) gancho e b) barras transversais soldadas*

No caso de regiões especiais (em nós singulares), em que as forças são elevadas e, por consequência, as tensões também, apenas estribos fechados devem ser usados.

4.2.5 Armaduras transversais na zona de ancoragem (NBR 6118 – ABNT, 2014)

Se o diâmetro da barra for menor ou igual a 32 mm, deve ser prevista armadura transversal capaz de resistir a 25% da força longitudinal de uma das barras ancoradas ao longo do comprimento de ancoragem. Se a ancoragem envolver barras diferentes, prevalece, para esse efeito, a de maior diâmetro.

Por não ser usual, não será discutido o caso de diâmetro da barra maior que 32 mm. Para maiores detalhes, ver NBR 6118 (ABNT, 2014) e Ibracon (2015).

4.3 Emendas entre armaduras

A transmissão de esforços de uma barra para outra pode ser realizada por:

- transpasse;
- dispositivos mecânicos;
- solda.

4.3.1 Emenda por transpasse

Na emenda por transpasse, a transferência da força de uma barra para outra é realizada pelo concreto. O ideal é evitar fazer emendas em regiões sujeitas a esforços muito elevados.

Comprimento de transpasse

O comprimento de transpasse entre barras emendadas, assumindo que a distância entre elas não é superior a 4Ø, é dado por:

$$\ell_0 = \alpha_0 \, \ell_{b,nec} \geq \ell_{0,mín} \tag{4.9}$$

em que, para barras tracionadas:

- $\ell_{0,mín}$ = máx (0,3$\alpha \, \ell_b$; 15Ø; 20 cm);
- α_0 é um coeficiente dependente da quantidade de barras emendadas na mesma seção, conforme a Tab. 4.5.

Tab. 4.5 Valores do coeficiente α_0

Porcentagem de barras emendadas (%)	≤ 20	25	33	50	> 50
α_0	1,2	1,4	1,6	1,8	2

E, para barras comprimidas:

- $\ell_{0,mín}$ = máx (0,6ℓ_b; 15Ø; 20 cm);
- $\alpha_0 = 1$.

Caso a distância entre barras seja maior que 4Ø, deve-se somar ao comprimento de transpasse essa distância.

A NBR 6118 (ABNT, 2014) considera como barras emendadas na mesma seção aquelas que se superpõem ou cujas extremidades mais próximas estejam afastadas de menos que 20% do comprimento de transpasse (Fig. 4.11).

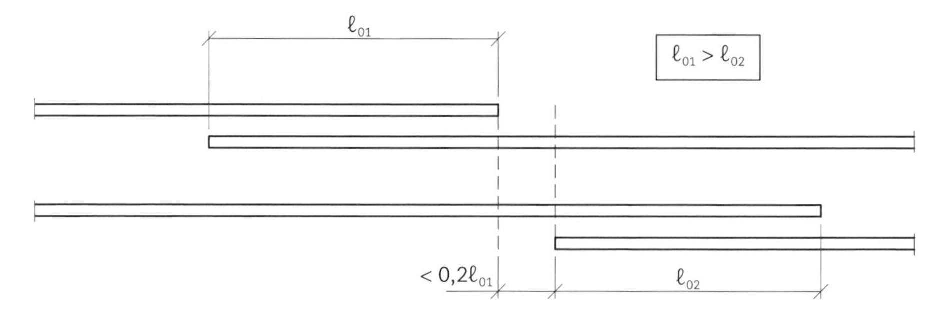

Fig. 4.11 *Emendas supostas como na mesma seção transversal conforme a NBR 6118 (ABNT, 2014)*

A proporção máxima de barras tracionadas da armadura principal emendadas por transpasse na mesma seção transversal do elemento estrutural deve ser a indicada na Tab. 4.6.

Tab. 4.6 Proporção máxima de barras tracionadas emendadas

Tipo de barra	Situação	Tipo de carregamento	
		Estático	Dinâmico
Alta aderência	Em uma camada	100%	100%
	Em mais de uma camada	50%	50%
Lisa	$\varnothing < 16$ mm	50%	25%
	$\varnothing \geq 16$ mm	25%	25%

Armadura transversal na zona de emenda

Para controlar o fendilhamento que pode ocorrer devido às trações na zona de emenda, deve-se dispor de armadura transversal nessa região (Fig. 4.12).

Para a emenda de armaduras tracionadas, a armadura transversal deve ser capaz de resistir a uma força igual à de uma barra emendada, considerando os ramos paralelos ao plano da emenda. Além disso, deve ser constituída por barras fechadas (tipo estribo em U), se a distância entre emendas numa seção for menor que dez vezes o diâmetro da barra emendada, e concentrar-se nos terços extremos da emenda.

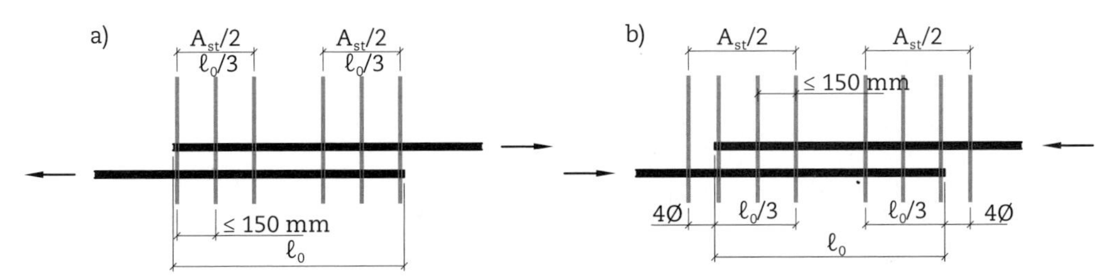

Fig. 4.12 *Armaduras transversais nas emendas: a) barras tracionadas e b) barras comprimidas*
Fonte: adaptado de ABNT (2014).

Quando $\varnothing < 16$ mm ou a proporção de barras emendadas na mesma seção for menor que 25%, a armadura transversal deverá ser capaz de resistir a 25% da força de uma das barras ancoradas. No caso de $\varnothing \geq 32$ mm, ver a NBR 6118 (ABNT, 2014).

4.3.2 Emenda por solda

A emenda por solda exige alguns cuidados especiais, como o uso de aço soldável e a realização da solda por profissional devidamente qualificado.

As emendas por solda, segundo a NBR 6118 (ABNT, 2014), podem ser:

- de topo, por caldeamento, para bitola não menor que 10 mm;
- de topo, com eletrodo, para bitola não menor que 20 mm;
- por transpasse, com pelo menos dois cordões de solda longitudinais, cada um deles com comprimento não inferior a 5Ø, afastados de no mínimo 5Ø (ver Fig. 4.13c);

- com duas barras justapostas (cobrejuntas), com cordões de solda longitudinais, fazendo-se coincidir o eixo baricêntrico do conjunto com o eixo longitudinal das barras emendadas, devendo cada cordão ter comprimento de pelo menos 5Ø (Fig. 4.13d).

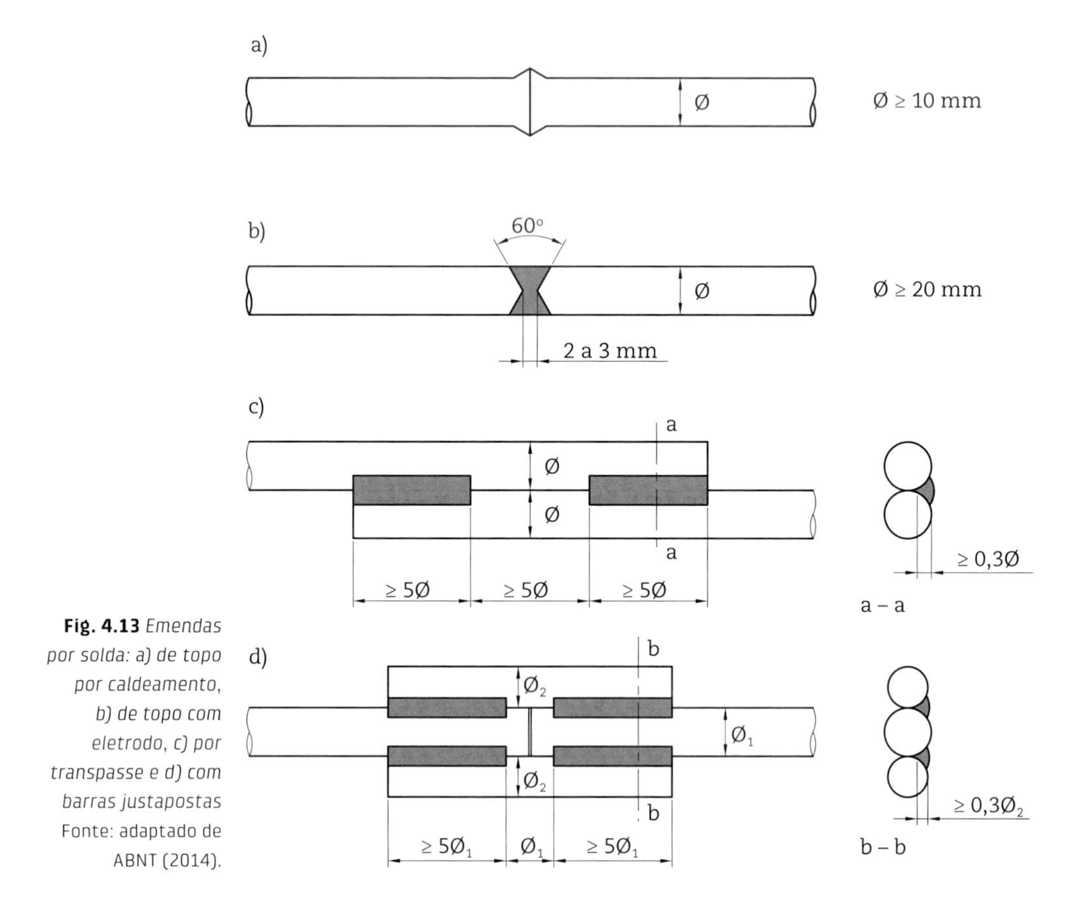

Fig. 4.13 *Emendas por solda: a) de topo por caldeamento, b) de topo com eletrodo, c) por transpasse e d) com barras justapostas*
Fonte: adaptado de ABNT (2014).

Adicionalmente, a NBR 6118 (ABNT, 2014) estabelece que:

- as emendas soldadas podem ser realizadas na totalidade das barras em uma única seção;
- a resistência das barras emendadas deve ser considerada sem redução;
- em caso de barras tracionadas e preponderância de carga variável, a resistência da emenda deve ser reduzida em 20%;
- a resistência da emenda soldada deve atender aos requisitos de normas específicas. Na ausência destes, a resistência deve ser no mínimo 15% maior que a resistência de escoamento da barra a ser emendada, obtida em ensaio.

VIGAS-PAREDE

Vigas-parede são elementos constituídos de chapa de concreto fletidos em relação ao seu plano médio.

A NBR 6118 (ABNT, 2014) define uma viga-parede como sendo aquela em que a relação entre o vão e a altura (L/h) é inferior a 2, no caso de vigas biapoiadas, e inferior a 3, no caso de vigas contínuas. No entanto, o ideal é analisar cada caso pelo princípio de Saint-Venant, pois a definição da norma é válida para carregamento uniformemente distribuído.

5.1 Viga-parede biapoiada

Em uma viga-parede biapoiada com carregamento uniformemente distribuído, é possível definir um modelo de bielas e tirantes baseado no fluxo de tensões principais mediante análise elástica (Fig. 5.1a). A solução "elástica" pode ser bastante conservadora em relação a um modelo plástico (Fig. 5.1b). A diferença é ainda maior quando se observa que as normas nacionais e internacionais prescrevem armaduras secundárias mínimas que contribuem para aumentar a carga resistente da viga-parede.

Por outro lado, é importante salientar que o dimensionamento plástico mostrado na Fig. 5.1b pode levar à fissuração excessiva do concreto em serviço. Uma forma indireta de respeitar o ELS é assumir inclinações máximas de bielas em relação às armaduras dentro dos limites normativos e utilizar armaduras secundárias que "costuram" as trações que atravessam o campo de compressões (Fig. 5.2).

No caso de vigas-parede biapoiadas com carga uniformemente distribuída, algumas regras já consagradas podem ser empregadas. Por exemplo, é usual assumir o braço de alavanca $z = 0{,}6h$, para $1 < L/h \leq 2$, ou $z = 0{,}6L$, caso $h \geq L$ (Fig. 5.3).

Na prática, assumir z = 0,6*L* (para $h \geq L$) significa considerar que o ângulo de inclinação entre a biela e o tirante é, aproximadamente, o limite da norma Eurocode 2 (CEN, 2004):

$$\mathrm{tg}\theta \cong \frac{0,6L}{0,25L} = 2,4 \Rightarrow \theta \cong 67,4° \tag{5.1}$$

Para respeitar o ângulo-limite da NBR 6118 (ABNT, 2014), é preciso assumir z = 0,5L, para $h > L$. Com isso, $\theta \cong 63,4°$ e a armadura principal é calculada por:

$$A_s = \frac{M}{zf_{yd}} = \frac{p_d L^2 / 8}{0,5Lf_{yd}} = \frac{p_d L}{2}\mathrm{cotg}\,\theta = \frac{p_d L}{4f_{yd}} \tag{5.2}$$

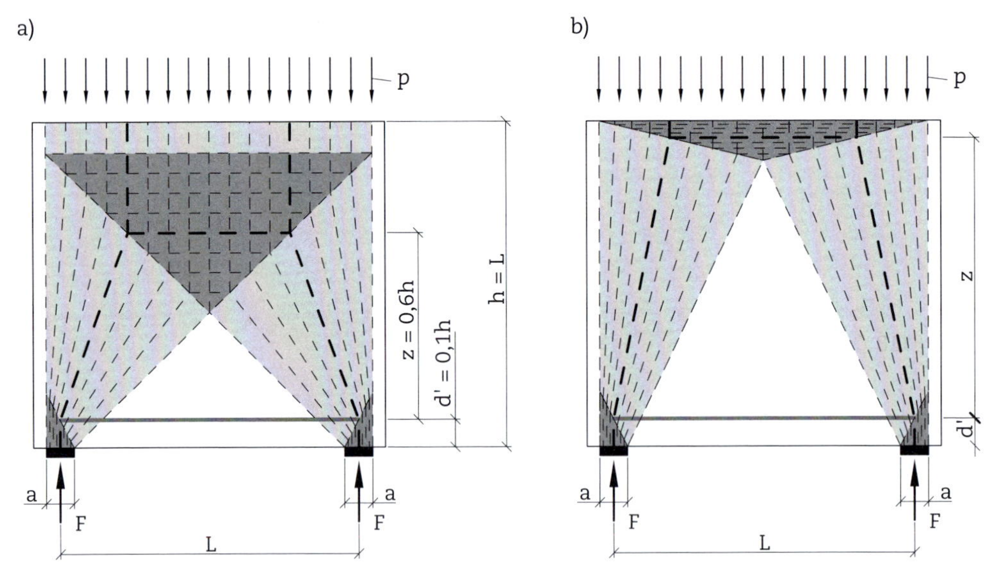

Fig. 5.1 *Viga-parede biapoiada: a) modelo baseado em tensões principais elásticas e b) modelo plástico que esgota a resistência do banzo superior*

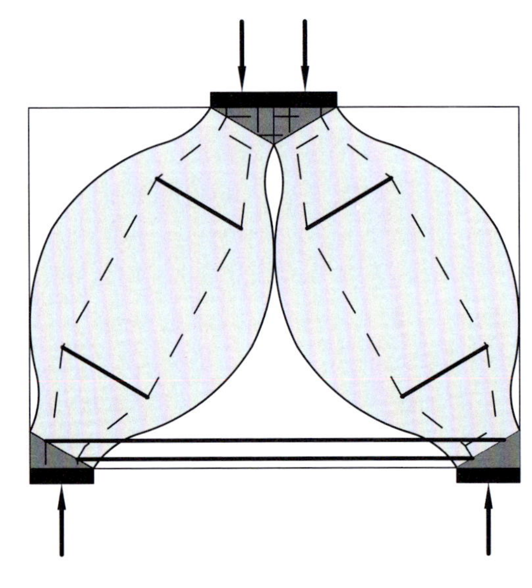

Fig. 5.2 *Campos de tensões idealizados mostrando a necessidade de armaduras secundárias*

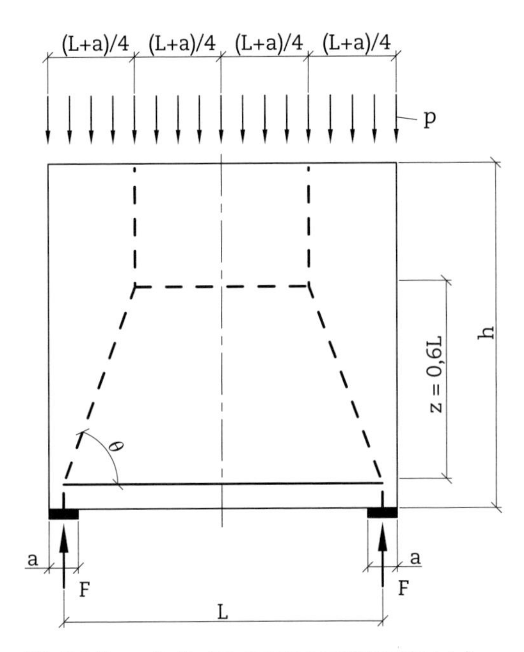

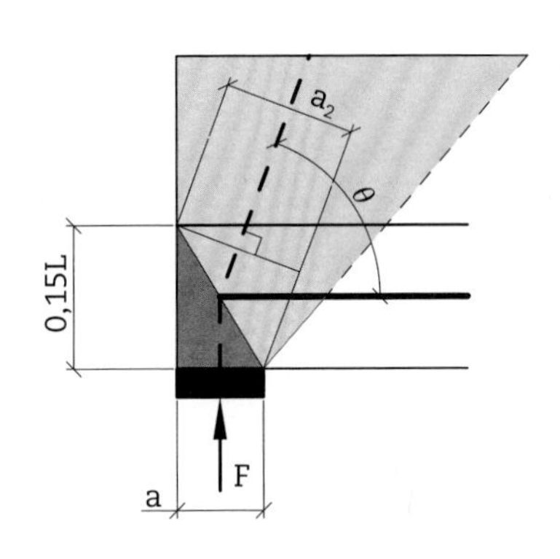

Fig. 5.3 *Exemplo de viga-parede isostática com* L > h

O nó singular sobre o apoio, em geral, é submetido a tensões muito elevadas, sendo muito importante a análise pormenorizada das tensões nessa região. A NBR 6118 (ABNT, 2014) estabelece que a armadura inferior, devido ao momento positivo, deve ser distribuída em altura da ordem de 0,15*h*. Esse detalhamento é necessário para alargar a biela diagonal e reduzir a tensão de compressão, de modo a evitar a ruptura por esmagamento do nó sobre o apoio (ou pilar).

Adicionalmente, a distribuição da armadura em 0,15*h* contribui para melhorar o quadro de fissuração por flexão, pois reduz a tensão nas barras e, consequentemente, as deformações em serviço, após as primeiras fissuras.

No caso de viga-parede com carga indireta (Fig. 5.4), deve-se prever armadura de suspensão para essa ação. Se a carga indireta for uniformemente distribuída, a armadura vertical por unidade de comprimento será:

$$\frac{A_{sv}}{s} = \frac{q_{d,inf}}{f_{yd}} \tag{5.3}$$

Para a determinação da armadura principal, basta somar a carga direta à indireta e usar a Eq. 5.2, pois nas duas situações pode-se assumir o mesmo ângulo (ou braço de alavanca).

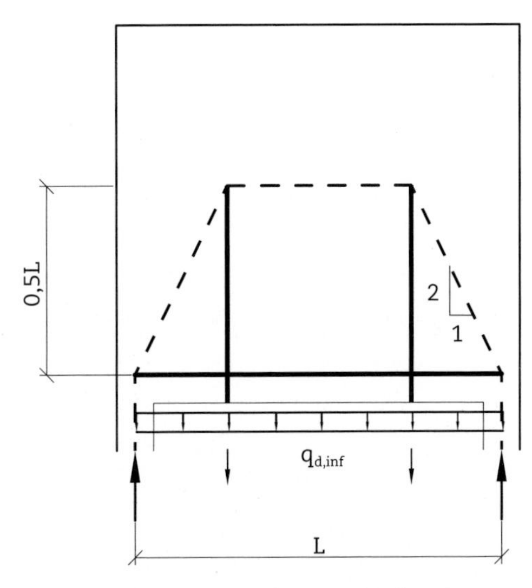

Fig. 5.4 *Carga indireta em vigas-parede* (h ≥ L)

A NBR 6118 (ABNT, 2014) estabelece taxa mínima para as armaduras secundárias horizontais e verticais igual a 0,075% de *b* por face por metro.

O detalhamento da armadura deve respeitar o modelo assumido (ver Fig. 5.5). As regiões sobre os apoios são, em geral, as mais críticas da estrutura, por isso devem ser detalhadas com cuidado. Recomenda-se o uso de laços nos apoios para o correto detalhamento e ancoragem das armaduras. Isso é extremamente importante em apoios estreitos.

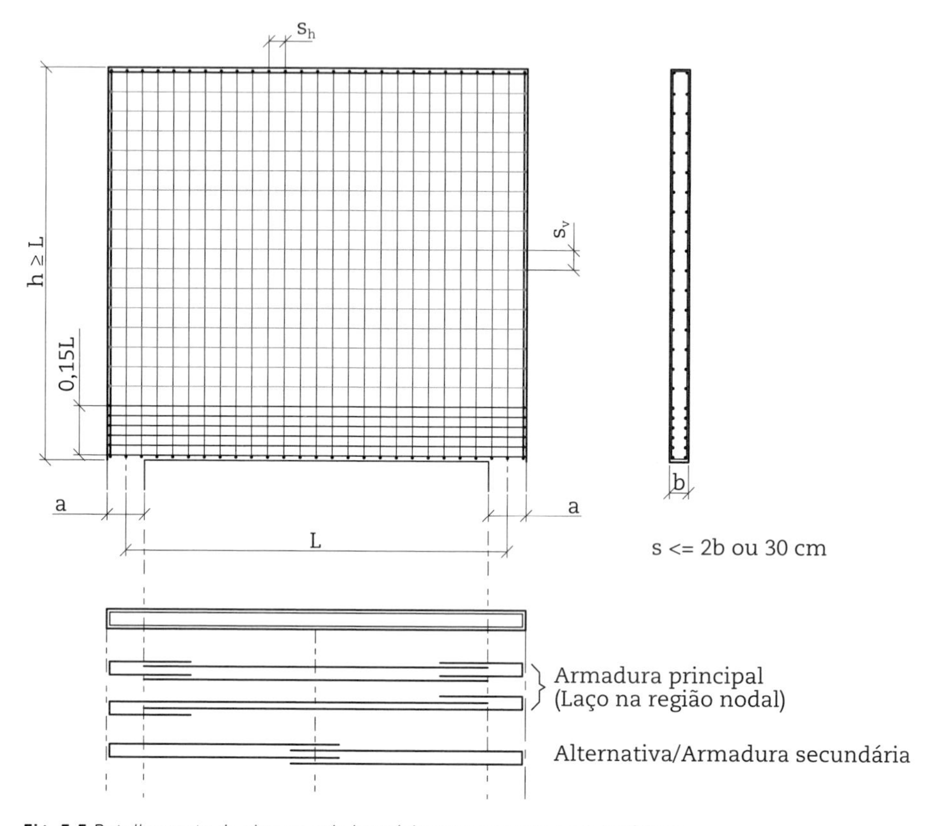

Fig. 5.5 *Detalhamento de viga-parede isostática com carregamento uniforme*

A armadura secundária horizontal (e vertical, caso não necessite de suspensão de carga indireta), em geral, consiste em barras relativamente finas. Assim como nas vigas usuais, a armadura horizontal é mais interna que a armadura vertical. Além disso, para a adequada ancoragem dos estribos, é desejável detalhar duas barras mais grossas no topo da viga, funcionando como porta-estribo. Analogamente, funcionando como porta-laço, deve-se colocar duas barras verticais na extremidade lateral, de modo a ajudar na ancoragem da armadura principal. Essas barras podem ser substituídas pelo prolongamento das armaduras do pilar.

O Boxe 5.1 apresenta um exemplo de viga-parede isostática.

Boxe 5.1 Exemplo de viga-parede isostática

Considere-se a viga-parede da Fig. 5.6. Dados adicionais: f_{ck} = 30 MPa, aço CA-50 e c = 3 cm. Observação: ações já combinadas.

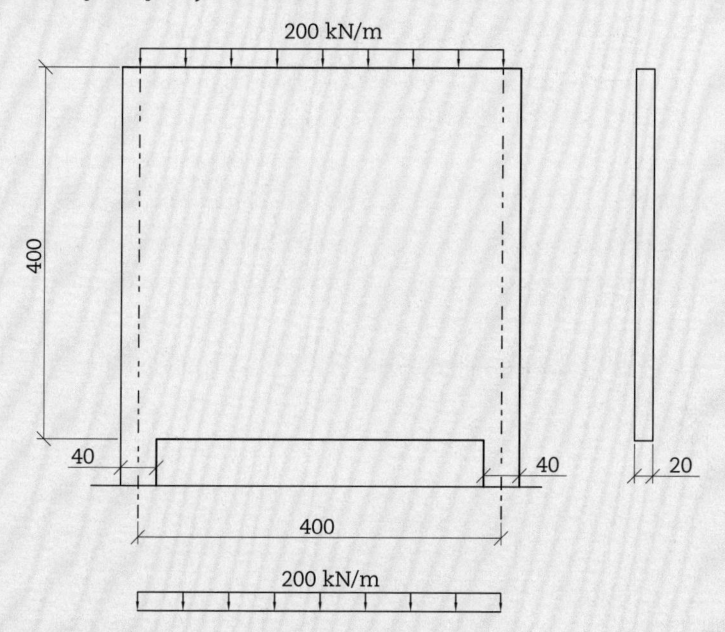

Fig. 5.6 *Exemplo de viga-parede isostática*

- Modelo de bielas e tirantes (Fig. 5.7):

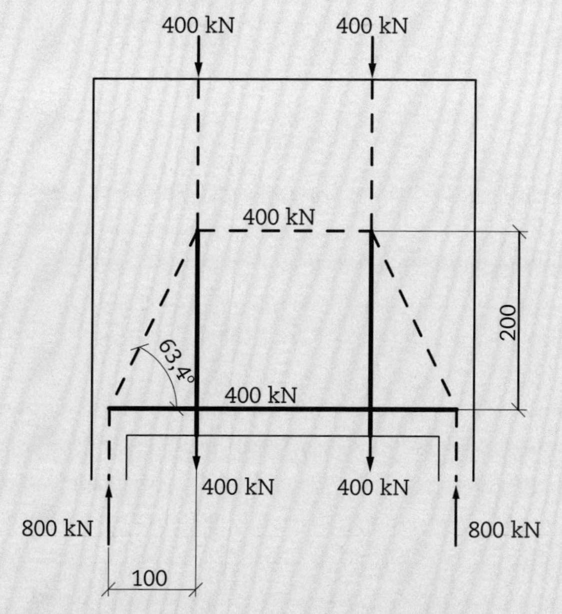

Fig. 5.7 *Modelo de bielas e tirantes do exemplo de viga--parede isostática*

- Armadura principal:

$$F_{td} = R_d \cot g\theta = 800 \times 0,5 = 400 \text{ kN} \Rightarrow A_s = 9,2 \text{ cm}^2 \text{ (Eq. 5.2)}$$

$$u \cong 0,15h = 0,6 \text{ m} \Rightarrow 5 \times 2\varnothing 12,5 \text{ c/15 } (12,5 \text{ cm}^2)$$

- Armadura vertical (suspensão):

$$\frac{A_{s,susp}}{s} = \frac{200}{43,5} = 4,6 \text{ cm}^2/\text{m (Eq. 5.3)} \therefore \frac{A_{s,mín}}{s} = 0,15 \times 20 = 3 \text{ cm}^2/\text{m}$$

$$\frac{A_{sv}}{s_h} = 4,6 \text{ cm}^2/\text{m}$$

- Armadura mínima horizontal ou vertical:

$$\frac{A_{s,mín}}{s} = 0,15 \times 20 = 3 \text{ cm}^2/\text{m}$$

- Verificação do nó CCT sobre o apoio:

$$a_{bie} = a_1 \operatorname{sen}\theta + u \cos\theta = 40 \times \operatorname{sen} 63,4° + 60 \times \cos 63,4° = 62,6 \text{ cm (Eq. 11)}$$

$$\sigma_{cd,bie} = \frac{800 / \operatorname{sen} 63,4°}{20 \times 62,6} = 0,72 \text{ kN/cm}^2 = 7,2 \text{ MPa}$$

$$f_{cd3} = 0,72\alpha_{v2} f_{cd} = 0,72 \times \left(1 - \frac{30}{250}\right) \times \frac{30}{1,4} = 13,6 \text{ MPa}$$

$$\sigma_{cd,bie} < f_{cd3} \text{ (OK)}$$

- Tensão vertical:

$$\sigma_{cd,v} = \frac{800}{20 \times 40} = 1 \text{ kN/cm}^2 = 10 \text{ MPa} < f_{cd3} \text{ (OK)}$$

- Ancoragem:

Região de boa aderência: $\ell_b = 34\varnothing = 42,5\,\text{cm}$ (Tab. 4.2).

Laço: $\ell_{b,nec} = \alpha_1 \ell_b = 0,7 \times 42,5 \cong 30\,\text{cm}$ (Eq. 4.7 e 4.8).

Comprimento de ancoragem disponível: $\ell_{b,disp} = a_p - c = 40 - 3 = 37\,\text{cm}$ (OK).

Emenda: 100% de emenda na seção: $\ell_0 = 2\ell_b = 85$ cm (ver Eq. 4.9 e Tab. 4.5).

- Detalhamento (Fig. 5.8):

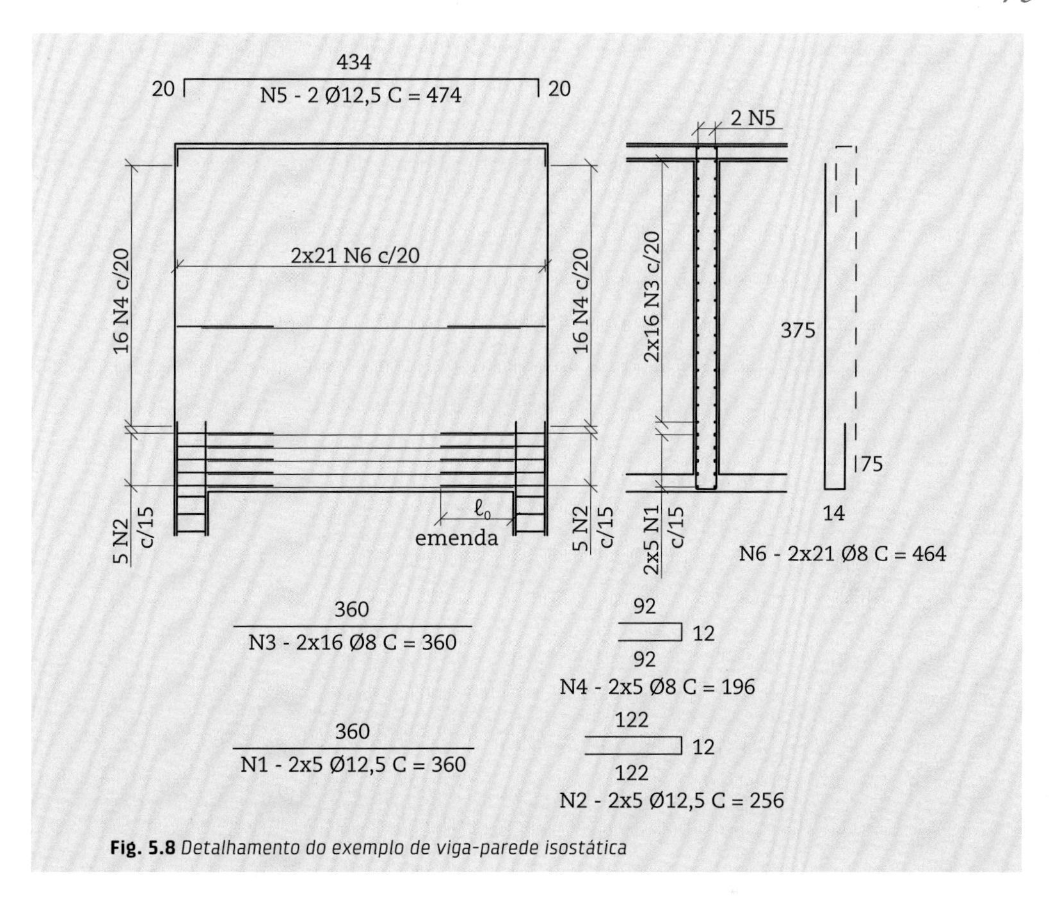

Fig. 5.8 *Detalhamento do exemplo de viga-parede isostática*

5.2 Viga-parede contínua

O modelo de bielas e tirantes de vigas-parede contínuas pode ser orientado, inicialmente, pelas trajetórias de tensões elásticas, conforme a Fig. 5.9.

As tensões baseadas na teoria da elasticidade mostram que, na região do apoio intermediário, as tensões de tração são pequenas se comparadas às tensões de

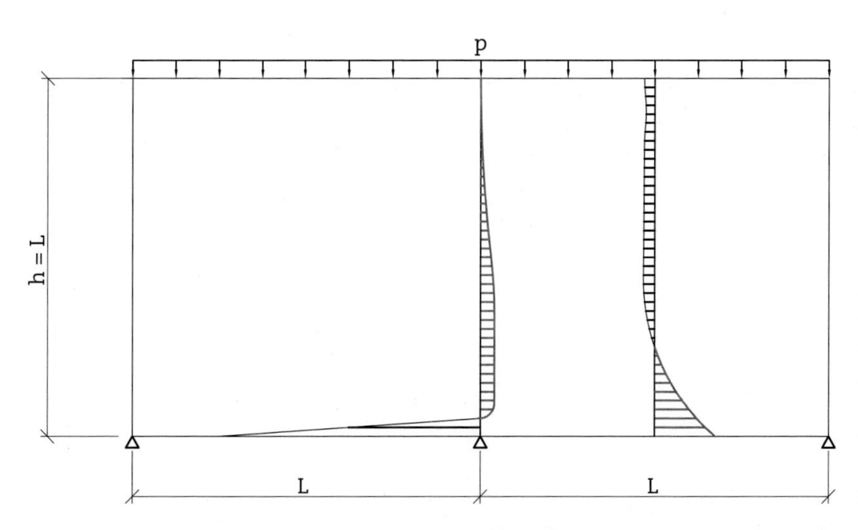

Fig. 5.9 *Distribuição de tensões, nas seções do apoio e do meio do vão, em vigas-parede contínuas segundo a teoria da elasticidade*

compressão. Em contrapartida, grande parte da seção tem tensões de tração. Por conta disso, a armadura negativa sobre o apoio costuma ser mais fina e distribuída em faixa maior que a armadura positiva.

Na seção do meio do vão, o comportamento é parecido com o de vigas-parede isostáticas.

Por se tratar de uma estrutura hiperestática, é preciso definir primeiro as reações de apoio e depois estabelecer um modelo de bielas e tirantes adequado. É muito comum a análise estrutural ser realizada através da teoria da elasticidade, mas no caso de vigas-parede é preciso considerar a deformação por cisalhamento na análise.

De posse das reações, o modelo de bielas e tirantes pode ser realizado de forma similar ao de vigas-parede isostáticas, assumindo, sempre que possível, o ângulo máximo entre bielas e tirantes (ver Fig. 5.10).

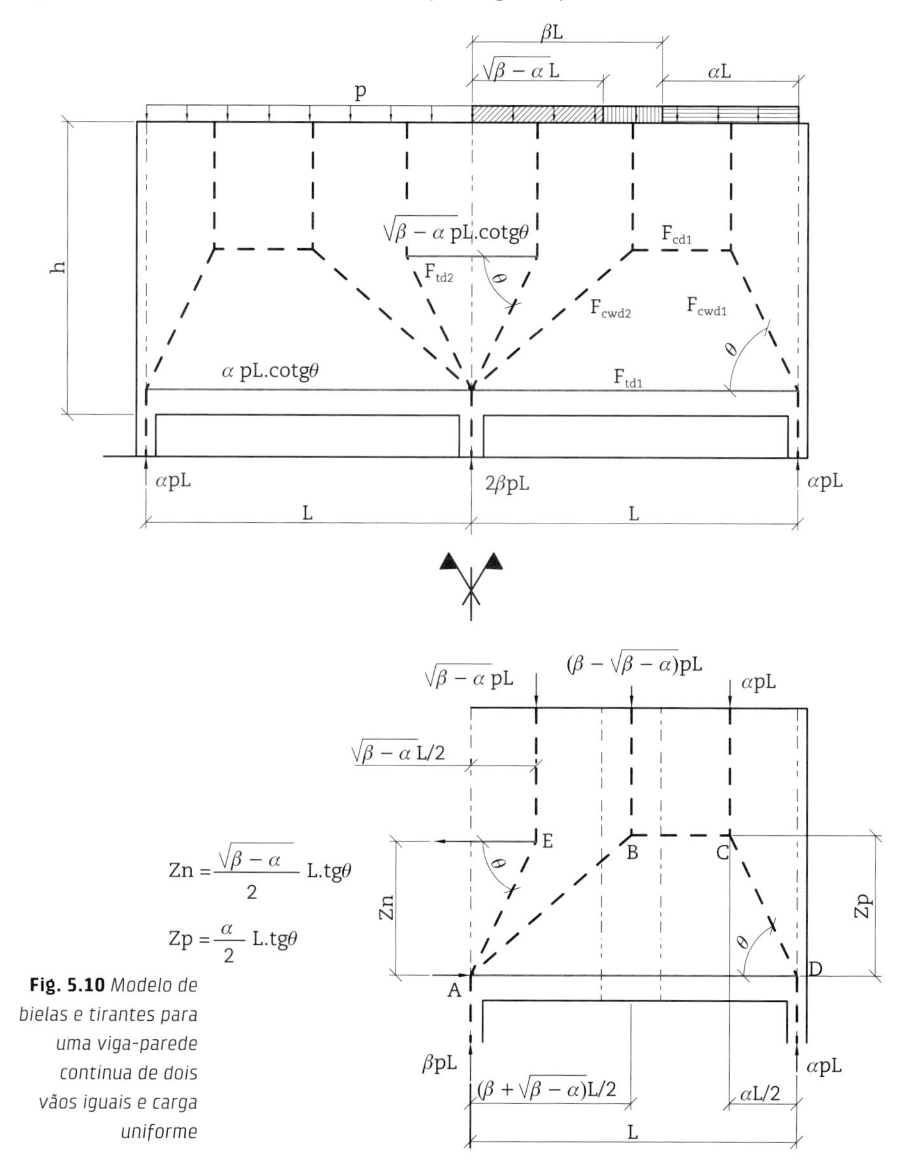

$$Zn = \frac{\sqrt{\beta - \alpha}}{2}\ L.tg\theta$$

$$Zp = \frac{\alpha}{2}\ L.tg\theta$$

Fig. 5.10 *Modelo de bielas e tirantes para uma viga-parede contínua de dois vãos iguais e carga uniforme*

O modelo de bielas e tirantes da Fig. 5.10 assume, para cada vão, três cargas estaticamente equivalentes ao carregamento uniformemente distribuído p. A carga αpL é igual à reação do apoio extremo, gerando uma biela diagonal (CD) direcionada para esse apoio. As outras duas cargas somadas (βpL) são a contribuição, correspondente a um vão, do carregamento p para a reação do apoio intermediário. A separação desses dois grupos de cargas (αpL e βpL) é definida pela seção em que a cortante é nula.

A subdivisão da carga βpL é realizada de modo a separar os modelos resistentes em relação ao momento positivo e ao momento negativo. A parcela $\left(\beta-\sqrt{\beta-\alpha}\right)pL$ produz a biela diagonal AB necessária para equilibrar o binário (F_{cd1}, F_{td1}) resultante da biela diagonal CD. A parcela restante $\sqrt{\beta-\alpha}\,pL$ produz uma terceira biela diagonal (AE) em direção ao apoio intermediário, expondo a tração superior, que permite calcular a armadura negativa.

No modelo de bielas e tirantes da Fig. 5.10, os ângulos entre bielas e tirantes são assumidos iguais a θ. Com isso, os braços de alavanca são:

$$Z_n = \frac{\sqrt{\beta-\alpha}\,L}{2}\operatorname{tg}\theta \qquad Z_p = \frac{\alpha L}{2}\operatorname{tg}\theta \tag{5.4}$$

Assumindo o limite de ângulo da NBR 6118 (ABNT, 2014), ou seja, $\operatorname{tg}\theta = 2$, têm-se:

$$Z_n = \sqrt{\beta-\alpha}\,L \qquad Z_p = \alpha L \tag{5.5}$$

As forças nos tirantes são:

$$F_{td1} = 0{,}5\alpha pL \qquad F_{td2} = 0{,}5\sqrt{\beta-\alpha}\,pL \tag{5.6}$$

Alternativamente, pode-se igualar os braços de alavanca. Nesse caso, o modelo da Fig. 5.10 é substituído pelo modelo da Fig. 5.11.

Assumindo $\operatorname{tg}\theta_1 = 2$ e $\operatorname{tg}\theta_2 \leq 2$, de modo a respeitar o limite da NBR 6118 (ABNT, 2014), tem-se:

$$Z = \alpha L \tag{5.7}$$

Em geral, $\alpha < \beta$, mas, em caso de recalque de apoio, β pode ser maior que α.

O modelo da Fig. 5.11 difere na magnitude da força do tirante superior e na geometria do nó intermediário em relação ao modelo da Fig. 5.10. As forças de tração no tirante superior dos dois modelos são comparadas na Tab. 5.1.

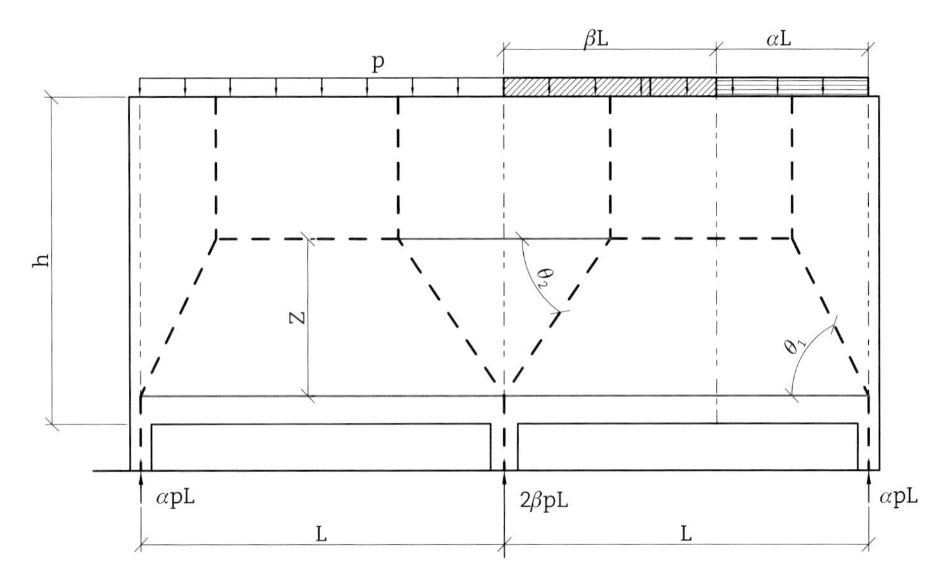

Fig. 5.11 *Modelo de bielas e tirantes alternativo para uma viga-parede contínua de dois vãos iguais e carga uniforme*

Tab. 5.1 Comparação entre modelos

α	0,375	0,4	0,425	0,45	0,475	0,5
			F_{td2}/pL			
Modelo 1 (Fig. 5.10)	0,25	0,224	0,194	0,158	0,112	0
Modelo 2 (Fig. 5.11)	0,333	0,25	0,176	0,111	0,053	0

Observação: $\text{tg}\,\theta = \text{tg}\,\theta_1 = 2$.

O detalhamento da armadura inferior segue a mesma regra discutida para vigas-parede isostáticas.

No caso da armadura superior, a NBR 6118 (ABNT, 2014) estabelece que a altura de distribuição deve ser feita considerando três faixas na altura h, não se considerando para h, no entanto, os valores superiores ao vão teórico L ($3 \geq L/h \geq 1$):

- 20% superiores de h: $A_{s1} = (L/2h - 0{,}5)A_{s,neg}$;
- 60% centrais de h: $A_{s2} = (1{,}5 - L/2h)A_{s,neg}$;
- 20% inferiores de h: região da armadura inferior (positiva).

Essa recomendação é a mesma do Model Code 1990 (CEB, 1993), conforme a Fig. 5.12.

É importante salientar que essa é apenas uma recomendação, pois existem muitos casos em que a aplicação dessa regra não é imediata, por exemplo, vigas--parede com vãos distintos.

O Boxe 5.2 apresenta um exemplo de viga-parede contínua.

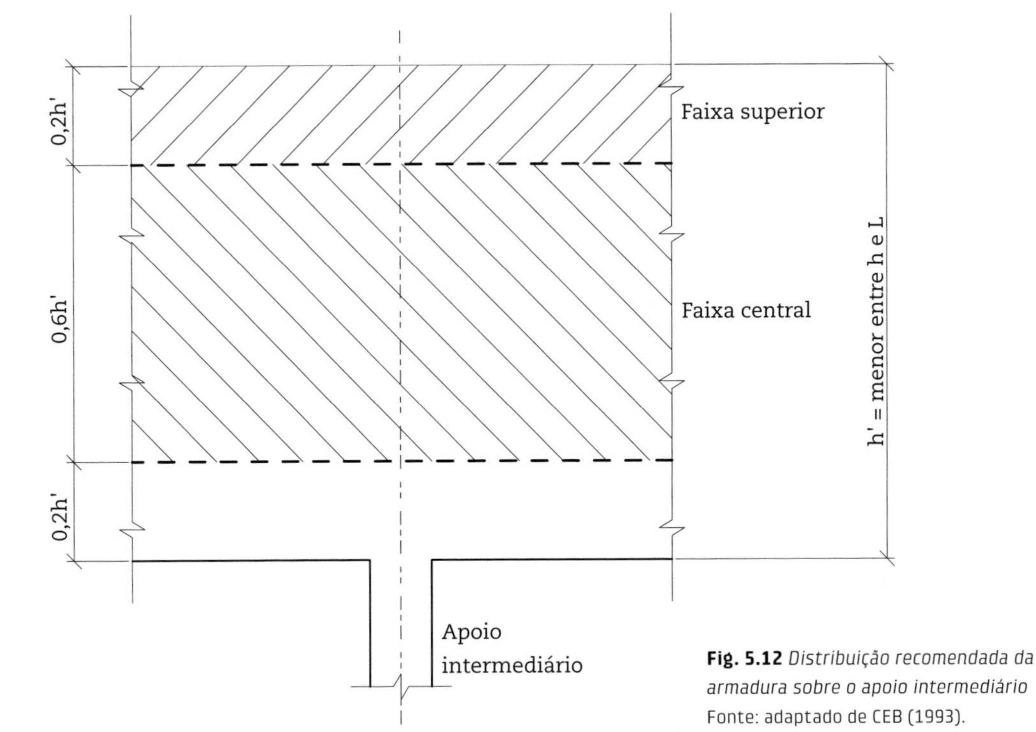

Fig. 5.12 *Distribuição recomendada da armadura sobre o apoio intermediário*
Fonte: adaptado de CEB (1993).

Boxe 5.2 Exemplo de viga-parede contínua

Considere-se a viga-parede da Fig. 5.13. Dados adicionais: concreto C30, aço CA-50 e c = 3 cm.

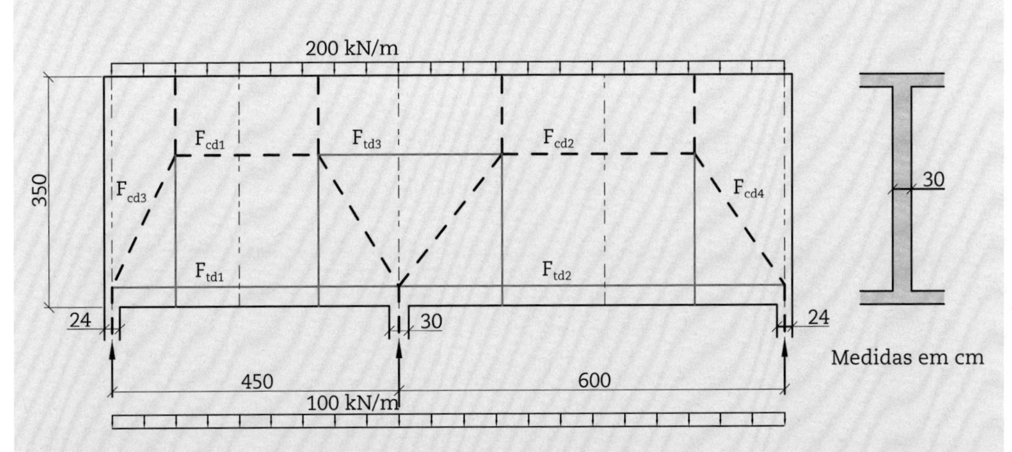

Fig. 5.13 *Ações de cálculo, geometria e modelo de bielas e tirantes*

O primeiro passo é determinar as reações de apoio. A análise estrutural de vigas altas deve considerar a deformação por cisalhamento, portanto deve-se utilizar teoria apropriada (por exemplo, teoria de viga de Timoshenko, que não é tratada aqui). As reações considerando ou não a deformação por cisalhamento são apresentadas na Fig. 5.14.

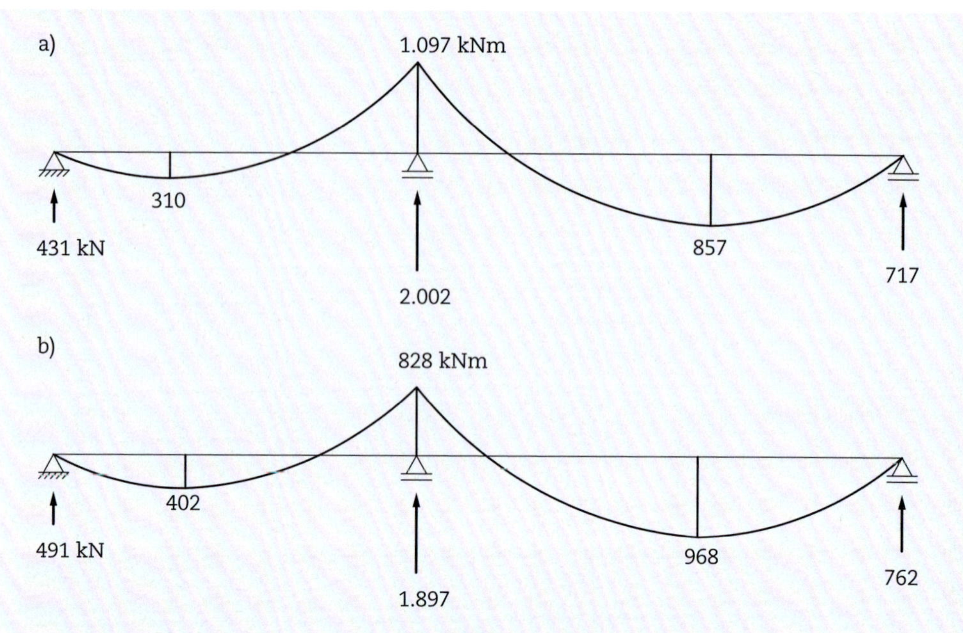

Fig. 5.14 *Reações e diagramas de momentos fletores: a) resposta elástica linear assumindo deformação por cisalhamento nula e b) resposta elástica linear considerando deformação por cisalhamento*

Os diagramas de momentos fletores dessa figura mostram que, ao considerar a deformação por cisalhamento, os momentos positivos aumentam e os momentos negativos diminuem. Esse tipo de viga é mais sensível a recalques diferenciados nos apoios, por isso uma análise cuidadosa deve ser feita.

Neste exemplo, será utilizada a análise que considera a deformação por cisalhamento. O segundo passo é assumir que o maior ângulo entre bielas e tirantes é igual ao limite da NBR 6118 (ABNT, 2014); assim, todos os ângulos respeitam esse limite. O modelo proposto é mostrado na Fig. 5.15.

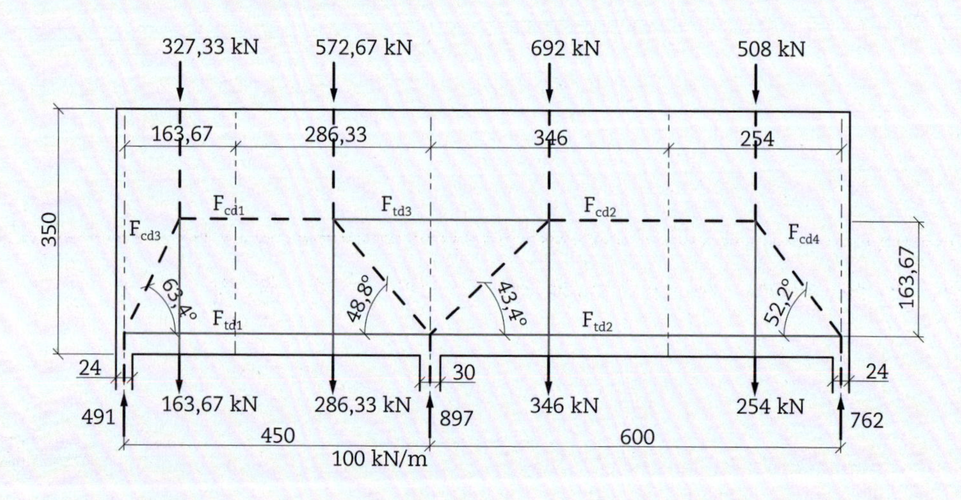

Fig. 5.15 *Modelo de bielas e tirantes do exemplo de viga-parede contínua*

As forças nos elementos da treliça idealizada são:

$$F_{td1} = 491 \times 0,5 = 245,5 \text{ kN} \Rightarrow A_{s1} = 5,7 \text{ cm}^2$$

$$F_{td2} = 762 \times \frac{1,27}{1,6367} = 591,3 \text{ kN} \Rightarrow A_{s2} = 13,6 \text{ cm}^2$$

$$F_{td3} = (692 + 346) \times \frac{3,46/2}{1,6367} - 591,3 = 505,9 \text{ kN} \Rightarrow A_{s3} = 11,6 \text{ cm}^2$$

$$F_{cd1} = F_{td1} = 245,5 \text{ kN} \therefore F_{cd2} = F_{td2} = 591,3 \text{ kN}$$

$$F_{cd3} = 492/\text{sen}\,63,4° = 550 \text{ kN}$$

$$F_{cd4} = 762/\text{sen}\,52,2° = 964 \text{ kN}$$

- Distribuição das armaduras

Armadura negativa:

Como há vãos distintos, será utilizada a média da relação entre a altura e os vãos:

$$\frac{L}{h}\textit{médio} = 0,5 \times \left(\frac{4,5}{3,5} + \frac{6}{3,5} \right) = 1,5$$

$$\frac{A_{s,sup}}{s} = \frac{(L/2h - 0,5) A_{s,neg}}{0,2h} = \frac{0,25 \times 11,6}{0,7} = 4,14 \text{ cm}^2/\text{m}$$

$$\frac{A_{s,cen}}{s} = \frac{(1,5 - L/2h) A_{s,neg}}{0,6h} = \frac{0,75 \times 11,6}{2,1} = 4,14 \text{ cm}^2/\text{m}$$

$$\frac{A_{s,mín}}{s} = 2 \times 0,075 \times 30 = 4,5 \text{ cm}^2/\text{m}$$

Armadura vertical (suspensão):

$$A_{s,sup} = \frac{100}{43,5} = 2,3 \text{ cm}^2/\text{m (Eq. 5.3)}$$

$$\frac{A_{s,mín}}{s} = 0,15 \times 30 = 4,5 \text{cm}^2/\text{m}$$

Armadura positiva:

Assumindo a distribuição da armadura positiva do vão maior em 0,15h (~50 cm), tem-se:

$$u = 50 \text{ cm}$$

Adotado: 6 laços Ø12,5 mm c/10.

No vão menor, a armadura necessária é menos da metade dos seis laços determinados para o vão maior. Considerando que três desses seis laços são colocados em toda a extensão da viga, tem-se que a altura do campo de tração é igual a:

$$u\ (n - 1)s + Ø \cong 20 \text{ cm (Eq. 3.9)}$$

- Verificação da segurança dos nós

Resistência do nó CCT:

$$f_{cd3} = 0,72\left(1 - \frac{30}{250}\right)\frac{30}{1,4} = 13,5 \text{ MPa}$$

Apoio à esquerda:

$$a_3 = 24 \times \text{sen}63,4° + 50 \times \cos 63,4° = 30 \text{ cm}$$

$$\sigma_{cd3,bie} = \frac{550}{30 \times 30} = 0,61 \text{kN/cm}^2 = 6,1 \text{ MPa}$$

Apoio à direita:

$$a_4 = 24 \times \text{sen}52,2° + 50 \times \cos 52,2° = 49,6 \text{ cm}$$

$$\sigma_{cd4,bie} = \frac{964}{30 \times 49,6} = 0,65 \text{kN/cm}^2 = 6,5 \text{ MPa}$$

$$\sigma_{cd3,bie} \text{ e } \sigma_{cd4,bie} < f_{cd3} \text{ (OK)}$$

Observação: as tensões verticais são automaticamente verificadas no dimensionamento do pilar. No entanto, como o pilar não é foco da análise, essas tensões serão determinadas e verificadas.

$$\sigma_{cd3,V} = \frac{491}{30 \times 24} = 0,68 \text{kN/m}^2 = 6,8 \text{ MPa} < f_{cd3}$$

$$\sigma_{cd4,V} = \frac{762}{30 \times 24} = 1,06 \text{kN/m}^2 = 10,6 \text{ MPa} < f_{cd3}$$

- Ancoragem das barras

Região de boa aderência: $\ell_b = 34\varnothing = 42{,}5$ cm (Tab. 4.2).

Laço: $\ell_{b,nec} = \alpha_1 \ell_b = 0{,}7 \times 42{,}5 \cong 30$ cm (Eq. 4.7).

Comprimento de ancoragem disponível: $\ell_{b,disp} = a_{pilar} - c = 24 - 3 = 21$ cm.

Segundo as regras que constam na NBR 6118 (ABNT, 2014), além do gancho, barras transversais soldadas deveriam ser utilizadas. No entanto, é possível considerar a compressão direta na redução do comprimento de ancoragem necessário, conforme o Eurocode 2 (CEN, 2004), cujas regras estão nos comentários da norma brasileira (Ibracon, 2015). Com isso, a Eq. 4.8 fornece:

$$\ell_{b,nec} = \alpha_1 \alpha_5 \ell_b \frac{A_{s,calc}}{A_{s,ef}} \geq \ell_{b,mín}$$

$$\alpha_1 = 0,7 \text{ (laço)}$$

$$\alpha_5 = 1 - 0,04p = \begin{cases} 1 - 0,04 \times 6,8 = 0,73 \text{ (apoio esquerdo)} \\ 0,7 \text{ (apoio direito)} \end{cases}$$

Apoio à esquerda:

$$\ell_{b,nec} = 0,7 \times 0,73 \times 34 \times 1,25 \times \frac{5,7}{6 \times 1,25} = 16,5 \text{ cm} \geq \ell_{b,mín}$$

Apoio à direita:

$$\ell_{b,nec} = 0,7 \times 0,7 \times 34 \times 1,25 \times \frac{13,6}{12 \times 1,25} = 19 \text{ cm} \geq \ell_{b,mín}$$

$$\ell_{b,nec} < \ell_{b,disp} \text{ (OK)}$$

- Nó sobre o apoio intermediário

O modelo de bielas e tirantes adotado admite a tração inferior dos dois vãos no mesmo nível, o que significa que a altura das armaduras deveria ser a mesma, e não da forma considerada neste exemplo. No entanto, como a simplificação de usar um só braço de alavanca (z = 163,67 cm) é conservadora, como pode ser visto no modelo mais refinado da Fig. 5.17, o nó será verificado conforme mostrado na Fig. 5.16b, ignorando a inconsistência do modelo. A reação de 1.897 kN tem a contribuição de 859 kN do vão menor e 1.038 kN do vão maior. Essa constatação mostra uma pequena inconsistência do modelo de bielas e tirantes (Fig. 5.15) em relação ao nó detalhado na Fig. 5.16a, pois as bielas não se encontram no eixo do pilar. No entanto, isso não tem implicações práticas e pode ser ignorado para não complicar desnecessariamente a análise.

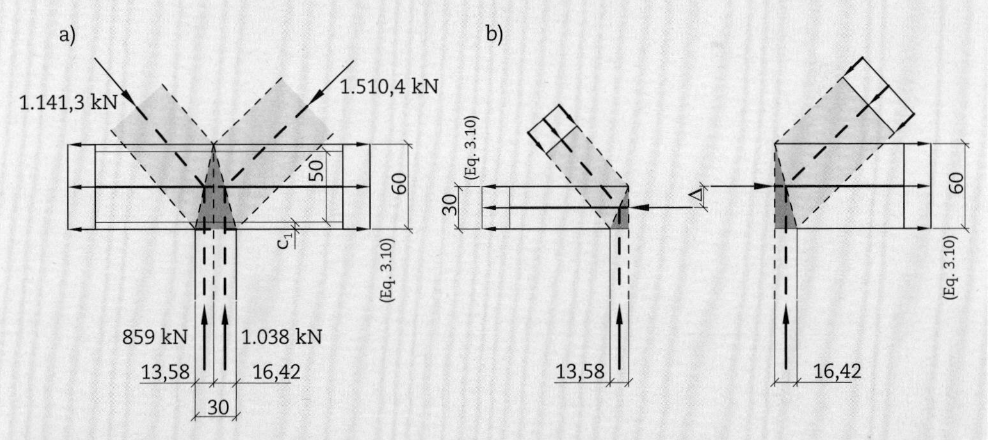

Fig. 5.16 *Geometria do nó intermediário: a) as camadas de armadura consideradas têm a mesma altura dos dois lados e b) as camadas de armadura consideradas têm alturas distintas (não consistente com o modelo adotado)*

Assumindo os ângulos das bielas em relação à horizontal conforme o modelo original, têm-se:

Tensão vertical:

$$\sigma_{cd,V} = \frac{1.897}{30 \times 30} = 2,1 \text{ kN/cm}^2 = 21 \text{ MPa} > f_{cd1}$$

O pilar necessita de armadura de compressão. Contudo, essa etapa não será detalhada aqui, pois o dimensionamento do pilar mostrará essa necessidade em um projeto completo.

Tensões nas bielas:

$$\sigma_{cd,bie}^{esq} = \frac{1.141,3}{\left(13,58 \times \text{sen}\, 48,8^{o} + 30 \times \text{sen}\, 48,8^{o}\right) \times 30} = 1,27\,\text{kN/cm}^2 = 12,7\ \text{MPa}$$

$$\sigma_{cd,bie}^{dir} = \frac{1.510,4}{\left(16,42 \times \text{sen}\, 43,4^{o} + 60 \times \text{sen}\, 43,4^{o}\right) \times 30} = 0,92\,\text{kN/cm}^2 = 9,2\ \text{MPa}$$

$$\sigma_{cd,bie}^{dir\,ou\,esq} < f_{cd1} = 0,85\left(1 - 30/250\right)\frac{30}{1,4} = 16\ \text{MPa}\ \ (\text{OK})$$

Ver detalhamento na Fig. 5.19.

Fonte: adaptado de Schäfer (2010b).

Um modelo mais refinado, que elimina a inconsistência de detalhar a armadura positiva com alturas diferentes entre vãos, é mostrado na Fig. 5.17.

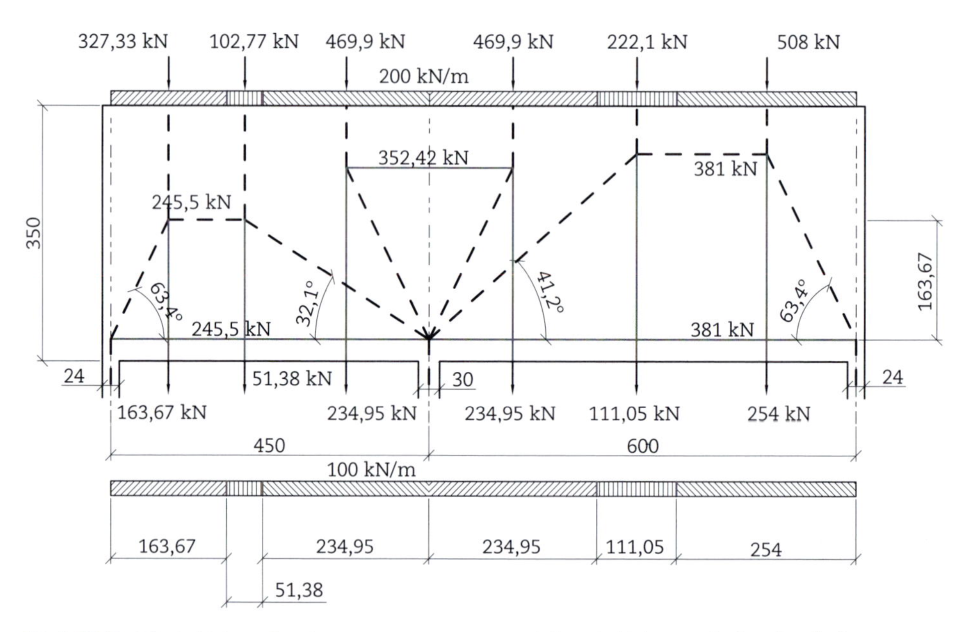

Fig. 5.17 *Modelo de bielas e tirantes em que se assume o máximo de bielas com inclinações-limite*

O nó intermediário do modelo mais refinado pode ser definido como mostrado na Fig. 5.18.

O valor de y da Fig. 5.18a ou da Fig. 5.18c pode ser determinado de modo a esgotar a capacidade resistente da biela. No entanto, como a altura da viga não está sendo totalmente utilizada (já que o ângulo foi limitado a 63,4°), esse nó não é crítico. Assumindo y = 30 cm, têm-se:

$$\sigma_{cd,bie}^{(b)} = \frac{290,08}{26,7 \times 30} = 0,36\,\text{kN/m}^2 = 3,6\,\text{MPa}$$

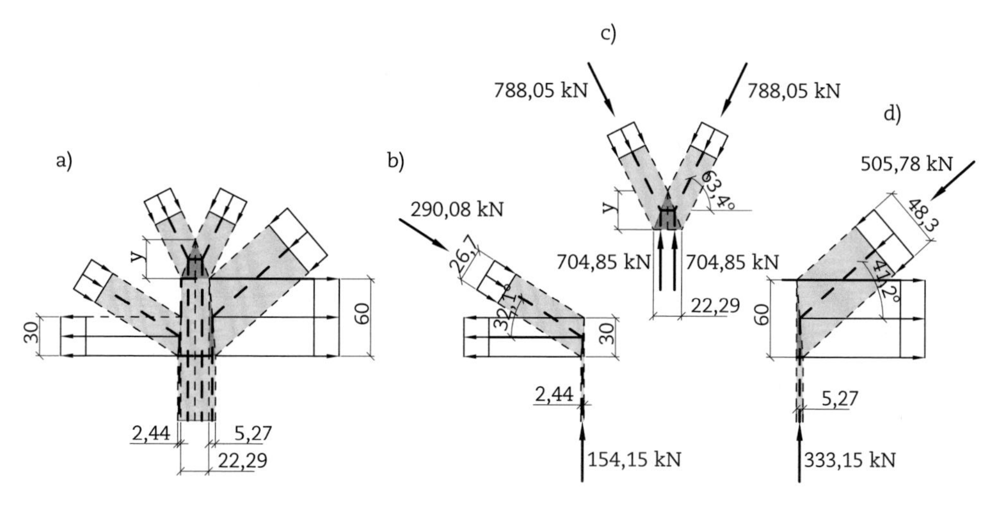

Fig. 5.18 *Nó intermediário para o modelo da Fig. 5.17*

$$\sigma_{cd,bie}^{(d)} = \frac{505,78}{48,3 \times 30} = 0,35\,\text{kN/m}^2 = 3,5\,\text{MPa}$$

$$\sigma_{cd,bie}^{(c)} = \frac{788,05}{\left(11,14 \times \text{sen}\,63,4^{\text{o}} + 30 \times \cos 63,4^{\text{o}}\right) \times 30} = 1,12\,\text{kN/m}^2 = 11,2\,\text{MPa}$$

Essas tensões são menores que f_{cd1}. Como a armadura pode ser ancorada fora da região nodal, o nó intermediário pode ser considerado, em termos de resistência, como sendo do tipo CCC.

- Detalhamento (Fig. 5.19):

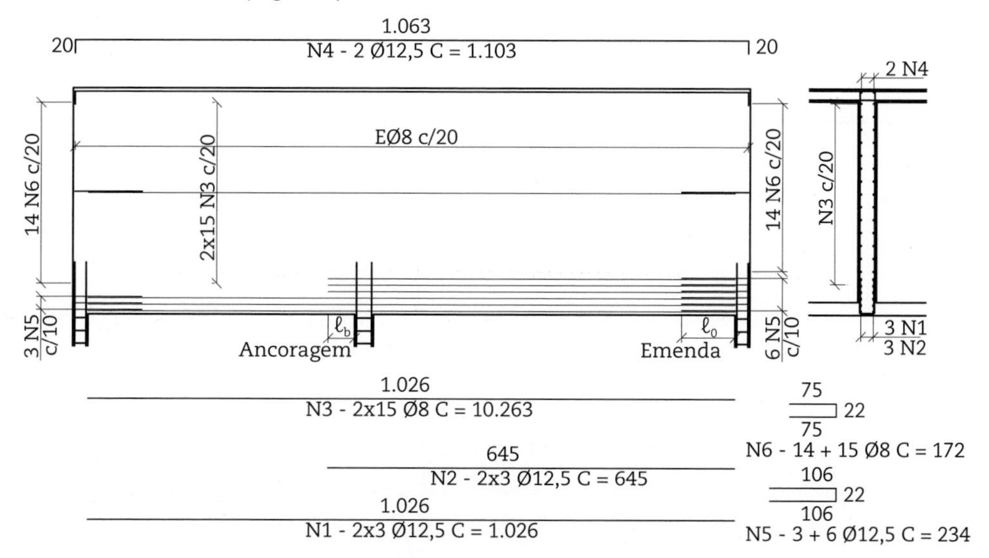

Fig. 5.19 *Detalhamento da viga-parede contínua*

CONSOLOS

Os consolos são elementos curtos em balanço frequentemente utilizados em estruturas de concreto pré-moldado.

6.1 Modelos de bielas e tirantes aplicados a consolos

6.1.1 Modelo principal

Um modelo de bielas e tirantes aplicado a consolo é muito simples de definir e pode ser derivado com o auxílio das trajetórias de tensões principais em domínio elástico, conforme a Fig. 6.1.

Por simplicidade, pode-se analisar o consolo isolado, assumindo o modelo indicado na Fig. 6.2. Esse modelo permite a análise apenas do consolo; o equilíbrio na região do pilar será tratado no Cap. 8.

A força vertical é transmitida diretamente a um nó comprimido (nó A) no topo do pilar inferior. Em geral, essa força é resistida por um banzo comprimido no pilar inferior e por um tirante proveniente do pilar superior (ver Fig. 6.1b). Usualmente, a tração desse tirante é pequena em relação à compressão do banzo inferior.

Assumindo que o apoio dado à biela diagonal é fornecido apenas pelo banzo comprimido do pilar inferior, é possível determinar a largura desse apoio considerando que a tensão é igual ao limite de resistência do nó CCC (f_{cd1}), logo:

$$a_1 = \frac{V_d}{b f_{cd1}} \tag{6.1}$$

Uma vez determinado o apoio da biela diagonal, o binário de forças atuante é estabelecido e deve ser resistido por um binário interno dado pela tração (F_{td1}) do tirante principal e pela compressão horizontal (F_{cd}). Fazendo o

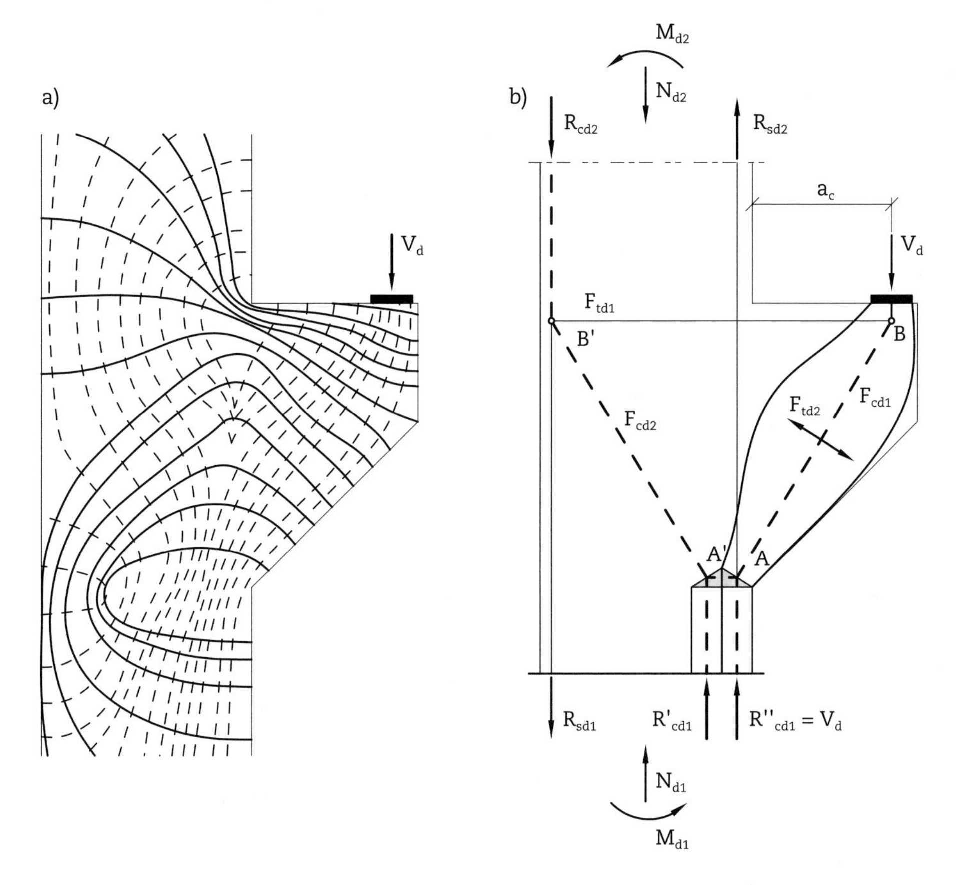

Fig. 6.1 *a) Trajetória das tensões principais em domínio elástico e b) modelo de bielas e tirantes para consolo curto*

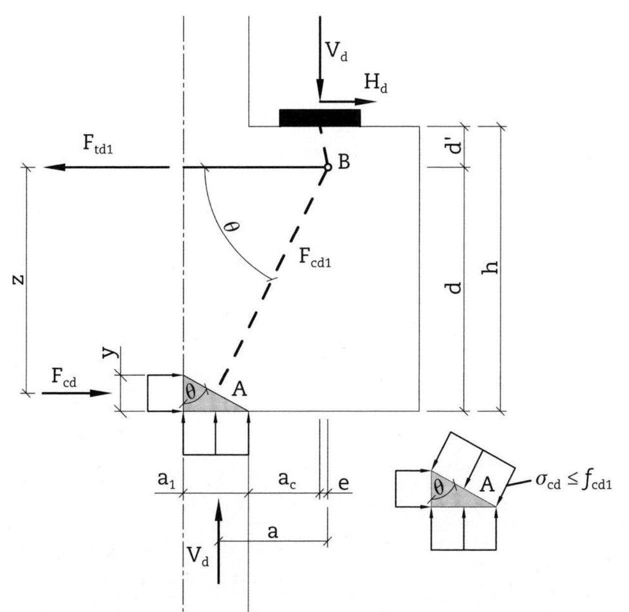

Fig. 6.2 *Modelo principal para a determinação da armadura do tirante*

transporte das forças (V_d e H_d) para o nó B, as equações de equilíbrio são facilmente determinadas:

$$F_{cd} = F_{td1} - H_d \quad (6.2)$$

$$V_d a = \left(F_{td1} - H_d\right)\left(d - y/2\right) \quad (6.3)$$

Logo,

$$F_{td1} = V_d \cot g\theta + H_d \quad (6.4)$$

em que:

$a = a_1/2 + a_c + e$;

$e = \frac{H_d}{V_d} d'$ e corresponde à excentricidade da força vertical V_d devida à força horizontal H_d em relação ao eixo do tirante (Fig. 6.2).

Por simplificação, a espessura do aparelho de apoio foi desprezada no cálculo da excentricidade *e*.

Assumindo que o nó A é pseudo-hidrostático, tem-se (por semelhança de triângulos):

$$\cot g\theta = \frac{y}{a_1} = \frac{a}{d - y/2} \quad (6.5)$$

Resolvendo a equação do 2° grau obtida pela Eq. 6.5, tem-se:

$$y = d - \sqrt{d^2 - 2a_1 a} \quad (6.6)$$

É interessante observar que as Eqs. 6.2 e 6.3 são idênticas ao equacionamento de uma seção retangular submetida a uma flexo-tração de grande excentricidade, cujo momento solicitante é $M_{sd} = V_d a$ e cuja força normal de tração no eixo da armadura é $N_{sd} = H_d$.

Segundo o Eurocode 2 (CEN, 2004), o modelo principal é válido para consolo curto $(0{,}5 < \cot g\theta \leq 1)$ e para consolo muito curto $(0{,}4 \leq \cot g\theta < 0{,}5)$, mas é possível aplicá-lo em consolo longo $(1 < \cot g\ \theta \leq 2)$, desde que armaduras secundárias adequadas sejam dimensionadas.

As armaduras secundárias (costura ou estribos) têm a função de resistir à tração ortogonal mostrada nas Figs. 2.18 e 6.1 e de melhorar a ductilidade do consolo, evitando a ruptura da biela ou o esmagamento do nó A antes do escoamento da armadura principal.

O consolo é um elemento isostático sem capacidade de redistribuição de esforços e, portanto, a ductilidade é muito importante. É usual a verificação simplificada da capacidade de rotação plástica como se o consolo fosse uma viga. O item 14.6.4.3 da NBR 6118 (ABNT, 2014) propõe os seguintes limites para a profundidade da linha neutra em vigas:

- $x/d \leq 0{,}5$ para concretos com $f_{ck} \leq 35$ MPa;
- $x/d \leq 0{,}5 - (f_{ck} - 35)/150$ para concretos com 35 MPa $< f_{ck} <$ 50 MPa;
- $x/d \leq 0{,}4$ para concretos com $f_{ck} \geq 50$ MPa.

Por se tratar de uma região D generalizada, e não de uma viga, propõe-se o valor-limite recomendado por Reineck (2005), que é o menor valor da NBR 6118 (ABNT, 2014), ou seja:

$$x/d \leq 0{,}4 \tag{6.7}$$

em que:

$$x = \frac{y}{\lambda}$$

$$\lambda = \begin{cases} 0{,}8 \text{ para } f_{ck} \leq 50 \text{ MPa} \\ 0{,}8 - \left(f_{ck} - 50\right)/400 \text{ para } f_{ck} > 50 \text{ MPa} \end{cases}$$

Essa verificação é extremamente importante, pois o intuito é evitar que uma possível ruptura do elemento seja provocada pelas tensões de compressão no nó A sem que deformações plásticas ocorram, isto é, a finalidade é inibir a ruptura frágil.

6.1.2 Armaduras secundárias

As armaduras secundárias podem ser determinadas conforme a seção 2.4 (carga próxima ao apoio).

- *Alternativa* 1: modelo de biela em garrafa (Fig. 6.3).

Adaptando a Eq. 2.1, tem-se:

$$F_{twd} = 0{,}25F_{cwd}\left(1 - 1{,}4\frac{a_{bie}}{z}\operatorname{sen}\theta\right) \tag{6.8}$$

Uma vez que a largura da biela no nó A é diferente da largura no nó B, Bosc (2008) propõe usar a largura média:

$$a_{bie} = \frac{a_{bie}^{A} + a_{bie}^{B}}{2} \tag{6.9}$$

De modo a detalhar a armadura de forma prática, decompõem-se as forças na horizontal e na vertical usando as Eqs. 2.3:

$$F_{wvd} = 2F_{twd} \cos\theta$$
$$F_{whd} = 2F_{twd} \operatorname{sen}\theta \quad (6.10)$$

- *Alternativa* 2: superposição de modelos isostáticos (Fig. 6.4).

O modelo da Fig. 6.4b é o mesmo discutido no Cap. 2 para carga próxima ao apoio. A força de tração vertical (ou força de suspensão parcial) pode ser determinada pela expressão do Model Code 1990 (CEB, 1993) ou da FIP (1999):

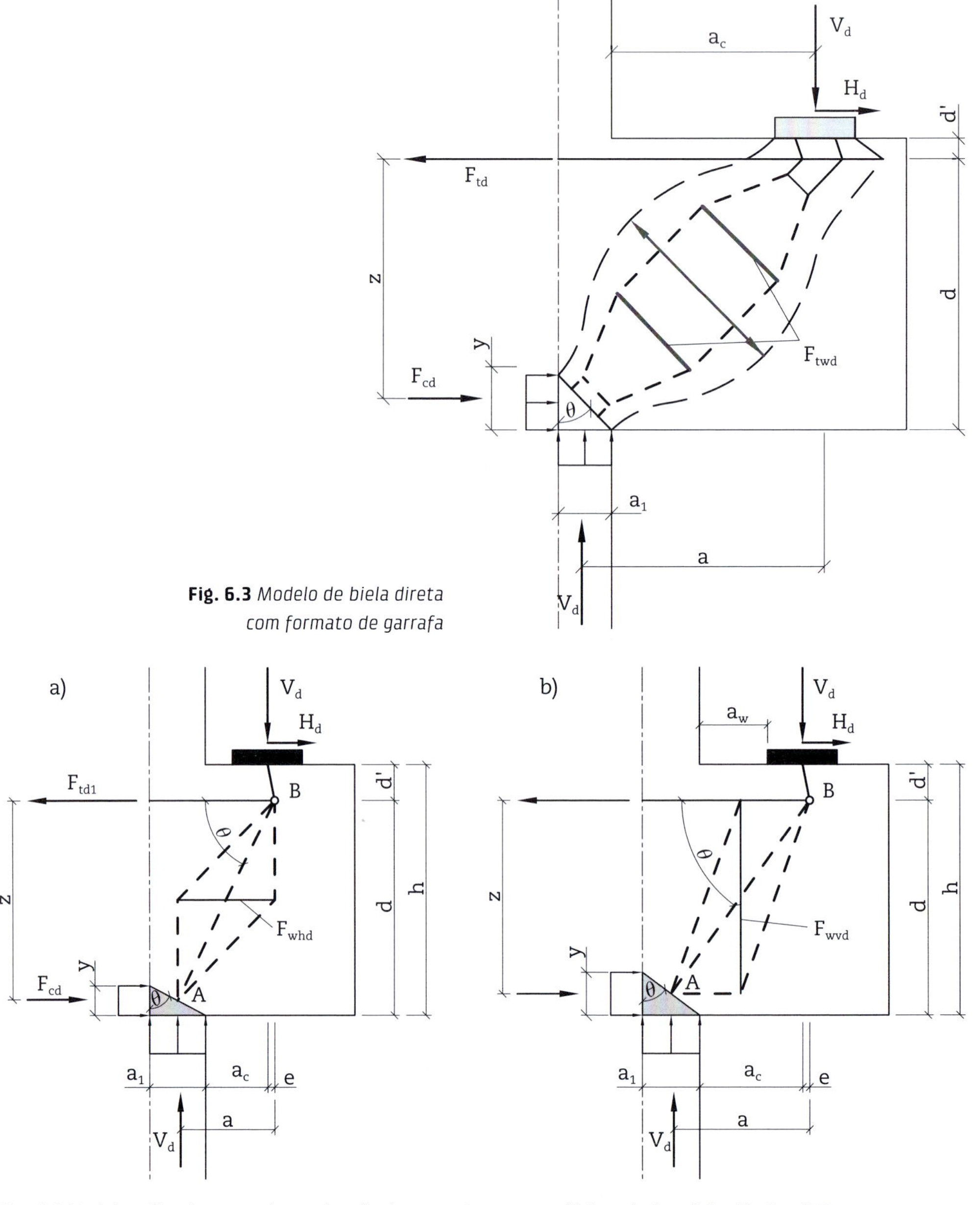

Fig. 6.3 *Modelo de biela direta com formato de garrafa*

Fig. 6.4 *Modelo refinado para a determinação das armaduras secundárias: a) a/z < 0,5 e b) a/z ≥ 0,5*

$$F_{wvd} = V_d(2a/z - 1)/3 \qquad (6.11)$$

em que:

$0{,}5 \leq a/z \leq 2$;

se $a/z < 0{,}5$, $F_{wvd} = 0$, e, se $a/z > 2$, não se trata de consolo, mas de viga.

Os estribos calculados com o auxílio da Eq. 6.11 devem ser distribuídos em um comprimento a_w, conforme a Fig. 6.4b. Algumas normas, como Eurocode 2 (CEN, 2004) e FIP (1999), têm outras prescrições, mas, em consolos curtos, é suficiente considerar a_w como sendo a distância entre a face do pilar e a face do aparelho de apoio. Esse espaço é pequeno e pode resultar em armadura relativamente pesada, sendo difícil de alojar no elemento, por isso um detalhamento cuidadoso deve ser realizado.

O modelo da Fig. 6.4a, em geral, é substituído por uma taxa de armadura. De forma similar à sobreposição de modelos para a determinação dos estribos, Santos e Stucchi (2013) propuseram a seguinte expressão para a força de tração horizontal:

$$F_{whd} = (0{,}4 - 0{,}2a/z)F_d \qquad (6.12)$$

em que:

$0{,}4 \leq a/z \leq 2$, e, se $a/z < 0{,}4$, assume-se $a/z = 0{,}4$ de modo a respeitar a inclinação-limite do ângulo entre biela (do modelo principal) e tirante.

Os modelos mais adequados para representar as forças de tração obtidas pelas Eqs. 6.11 e 6.12 são mostrados na Fig. 6.5.

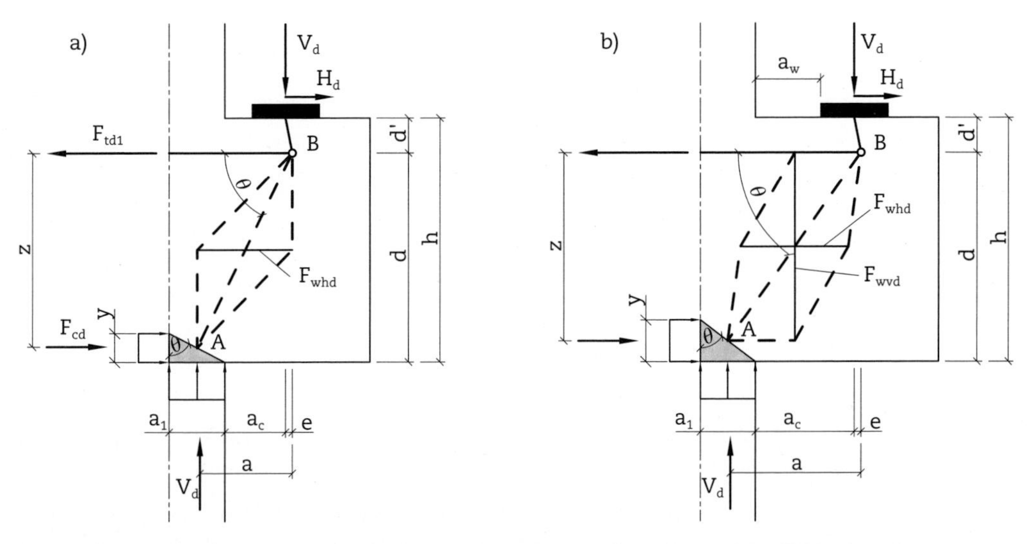

Fig. 6.5 *Modelo assumido para a determinação das armaduras secundárias: a) $a/z < 0{,}5$ e b) $0{,}5 \leq a/z \leq 2$*

Proposta similar pode ser encontrada em Fingerloos e Stenzel (2007).

A armadura horizontal pode ser distribuída em 0,8z (Fig. 6.6), conforme sugerido por Bosc (2008), no caso de consolo sem variação da seção. No entanto, deve-se respeitar a taxa mínima de armadura da NBR 9062 (ABNT, 2017), que será tratada na próxima seção.

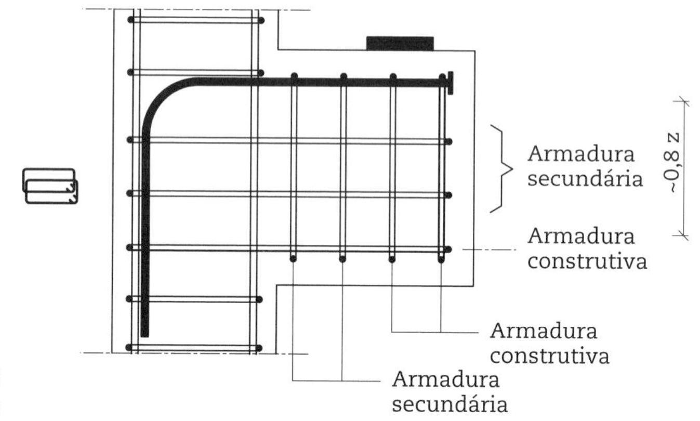

Fig. 6.6 *Armaduras secundárias em consolos curtos*

6.2 Armaduras mínimas

6.2.1 Armadura principal

As normas NBR 9062 (ABNT, 2017) e NBR 6118 (ABNT, 2014) têm prescrições distintas para a armadura principal mínima.

A NBR 9062 (ABNT, 2017) estabelece que a taxa mecânica $\omega = \rho f_{yk}/f_{ck}$ deve ser superior a:

$$A_{s,tir} \geq 0{,}04bd\frac{f_{ck}}{f_{yk}} \quad (6.13)$$

A NBR 6118 (ABNT, 2014) estabelece que a armadura mínima do tirante deve ser determinada pelo mesmo critério de vigas, conforme reproduzido a seguir.

A armadura mínima de tração, em elementos estruturais armados ou protendidos, deve ser definida pelo dimensionamento da seção a um momento fletor mínimo dado pela seguinte expressão, respeitada a taxa mínima absoluta de 0,15%:

$$M_{d,mín} = 0{,}8W_0 f_{ctk,sup} \quad (6.14)$$

em que:

W_0 é o módulo de resistência da seção transversal bruta de concreto, relativo à fibra mais tracionada;

$f_{ctk,sup}$ é a resistência característica superior do concreto à tração.

Alternativamente, a armadura mínima poderá ser considerada atendida se forem respeitadas as taxas mínimas de armadura da Tab. 6.1.

Através da comparação de taxas mostradas nessa tabela, sugere-se utilizar a NBR 9062 (ABNT, 2017) no que tange à taxa de armadura principal, mesmo que o consolo (ou qualquer elemento que possa ser dimensionado como consolo) seja moldado no local.

Além da armadura mínima calculada pela Eq. 6.13, a força de cálculo mínima na armadura principal, de modo a respeitar o ângulo máximo entre biela e tirante, é:

$$F_{td1,mín} = 0,4V_d + H_d \tag{6.15}$$

Tab. 6.1 Taxas mínimas de armadura de flexão para vigas (NBR 6118 – ABNT, 2014) e taxas mínimas de armadura principal de consolo (NBR 9062 – ABNT, 2017), assumindo seção retangular

	Valores de $\rho_{min} = A_s/bh$ (%)						
f_{ck} (MPa)	20	25	30	35	40	45	50
NBR 6118 (ABNT, 2014)	0,150	0,150	0,15	0,164	0,179	0,194	0,208
NBR 9062 (ABNT, 2017)	0,13	0,16	0,19	0,22	0,26	0,29	0,32

Observação: os valores de ρ_{min} desta tabela pressupõem o uso de aço CA-50, d/h = 0,8, γ_c = 1,4 e γ_s = 1,15. Caso esses fatores sejam diferentes, ρ_{min} deve ser recalculado.

6.2.2 Armaduras secundárias

Segundo a NBR 9062 (ABNT, 2017), a armadura mínima secundária horizontal (armadura de costura) deve ser:

- Consolos com $0,5 < a_c/d \leq 1$

$$A_{sh,mín} = 0,4\frac{V_d \operatorname{cotg}\theta}{f_{yd}} \tag{6.16}$$

- Consolos com $a_c/d \leq 0,5$

$$A_{sh,mín} = 0,5\frac{V_d \operatorname{cotg}\theta}{f_{yd}} \tag{6.17}$$

Em ambos os casos, a armadura de costura deve ser distribuída em $2d/3$ a partir do tirante, ou seja:

- Consolos com $0,5 < a_c/d \leq 1$

$$\frac{A_{sh,mín}}{s_v} = 0,6\frac{V_d \operatorname{cotg}\theta}{df_{yd}} \tag{6.18}$$

- Consolos com $a_c/d \leq 0,5$

$$\frac{A_{sh,mín}}{s_v} = 0,75\frac{V_d \operatorname{cotg}\theta}{df_{yd}} \tag{6.19}$$

Deve-se respeitar ainda a armadura mínima:

$$\frac{A_{sh,mín}}{s_v} = 0{,}15b \text{ cm/m} \tag{6.20}$$

Além disso, não é permitido usar tensão de escoamento de cálculo (f_{yd}) maior que 435 MPa. No entanto, essa limitação não se aplica a consolos protendidos.

As armaduras secundárias verticais (armadura transversal ou estribos) são negligenciadas nas normas brasileiras. A NBR 9062 (ABNT, 2017) apenas diz que são construtivamente necessárias e prescreve uma taxa mínima igual à taxa de armadura de costura. Contudo, conforme já discutido, a armadura transversal é importante.

6.3 Roteiro de cálculo

O modelo principal (Fig. 6.2) é aplicável para:

$$0{,}4 \leq \text{cotg}\,\theta \leq 2{,}5 \Rightarrow 21{,}8^\circ \leq \theta \leq 63{,}4^\circ$$

E é definido seguindo os passos 1 a 4.

- Passo 1

$$a_1 = \frac{V_d}{bf_{cd1}}$$

- Passo 2

$$y = d - \sqrt{d^2 - 2a_1 a}$$

$$a = \frac{a_1}{2} + a_c + \frac{H}{V} d'$$

Verificação (simplificada) de capacidade de rotação plástica:

$$x / d = y / (\lambda d) \leq 0{,}4$$

$$\lambda = \begin{cases} 0{,}8 \text{ para } f_{ck} \leq 50 \text{ MPa} \\ 0{,}8 - \left(\dfrac{f_{ck} - 50}{400} \right) \text{ para } f_{ck} > 50 \text{ MPa} \end{cases}$$

$$\text{cotg}\,\theta = y / a_1 = a / z \therefore z = d - 0{,}5y$$

$$\text{cotg}\,\theta_{mín} = 0{,}4$$

- Passo 3

$$F_{td} = V_d \,\text{cotg}\,\theta + H_d \Rightarrow A_{s,tir} = F_{td} / f_{yd}$$

Armadura mínima:

$$A_{s,tir} \geq 0{,}04bd \frac{f_{ck}}{f_{yk}}$$

- Passo 4: verificação do nó B
  - ◊ Passo 4a: verificação da ancoragem da armadura principal
  - ◊ Passo 4b:

$$\sigma_{cd} = \frac{F_{cwd}}{b a_{bie}^{B}} \leq f_{cd3}, \text{ se carga direta (nó CCT)}$$

$$\sigma_{cd} = \frac{F_{cwd}}{b a_{bie}^{B}} \leq f_{cd2}, \text{ se carga indireta (nó CTT)}$$

Valores auxiliares:

$$f_{cd1} = 0{,}85\alpha_{v2} f_{cd}$$

$$f_{cd2} = 0{,}60\alpha_{v2} f_{cd}$$

$$f_{cd3} = 0{,}72\alpha_{v2} f_{cd}$$

$$\alpha_{v2} = 1 - \frac{f_{ck}}{250}, \ f_{ck} \text{ em MPa}$$

$$f_{yd} = \frac{f_{yk}}{\gamma_s} \leq 435\text{MPa}$$

$$F_{cwd} = \frac{V_d}{\operatorname{sen}\theta}$$

$$a_{bie}^{B} = a_p \operatorname{sen}\theta + u\cos\theta$$

Observação: se a largura do aparelho de apoio for muito diferente da largura do consolo, $b = b_{aparelho} + 2c$.

O modelo refinado serve para a determinação das armaduras secundárias. Conforme discutido anteriormente, existem duas alternativas, o modelo de biela em garrafa da Fig. 6.3 e o modelo simplificado da Fig. 6.5. Os passos seguintes são:

- Passo 5: determinação das armaduras secundárias
  - ◊ Passo 5a: modelo de biela em garrafa

$$a_{bie}^{A} = \sqrt{a_1^{2} + y^{2}}$$

$$a_{bie}^{B} = a_p \operatorname{sen}\theta + u\cos\theta$$

$$a_{bie} = \left(a_{bie}^{A} + a_{bie}^{B}\right)/2$$

$$F_{twd} = 0{,}25 F_{cwd}\left(1 - 1{,}4\frac{a_{bie}}{z}\operatorname{sen}\theta\right)$$

$$F_{wvd} = 2F_{twd}\cos\theta$$

$$A_{sv} = F_{wvd} / f_{ywd}$$

$$F_{whd} = 2F_{twd}\operatorname{sen}\theta$$

$$A_{sh} = F_{whd} / f_{yd}$$

◊ Passo 5b: modelo alternativo

$$F_{wvd} = V_d(2a/z-1)/3, \text{ para } 0,5 \leq a/z \leq 2$$

$$A_{sv} = F_{wvd} / f_{ywd}$$

$$F_{whd} = (0,4-0,2a/z)V_d, \text{ para } 0,4 \leq a/z \leq 2$$

$$A_{sh} = F_{whd} / f_{yd}$$

◊ Passo 5c: armaduras mínimas

$$A_{sh,mín} = 0,4\frac{V_d \operatorname{cotg}\theta}{f_{yd}}, \text{ para } 0,5 \leq a_c/z \leq 1$$

$$A_{sh,mín} = 0,5\frac{V_d \operatorname{cotg}\theta}{f_{yd}}, \text{ para } a_c/z < 0,5$$

$$\frac{A_{sh,mín}}{s_v} = 0,2b \text{ cm/m, para } a_c/z > 1 \text{ (armadura de pele).}$$

Armadura mínima a ser respeitada:

$$\frac{A_{sh,mín}}{s_v} = \frac{A_{sv,mín}}{s_h} = 0,15b \text{ cm/m}$$

6.4 Exemplos

Os Boxes 6.1 e 6.2 apresentam exemplos de dimensionamento de consolos.

Boxe 6.1 Exemplo 1

Dados:

- concreto C35 (f_{ck} = 35 MPa), γ_c = 1,4;
- aço CA-50 (f_{yk} = 500 MPa), γ_s = 1,15;
- cobrimento: 3 cm;
- aparelho de apoio: 25 cm × 10 cm.

A geometria e as forças atuantes são mostradas na Fig. 6.7.

Trata-se de um consolo muito curto, segundo a NBR 9062 (ABNT, 2017), com a_c/d = 0,33.

$$f_{cd1} = 0,85 \times \left(1-\frac{35}{250}\right) \times \frac{35}{1,4} = 18,28 \text{ MPa}$$

- Passo 1

$$a_1 = \frac{300}{30 \times 1,828} = 5,47 \text{ cm}$$

$$a = \frac{5,47}{2} + 10 + 0,2 \times 5 = 13,74 \text{ cm}$$

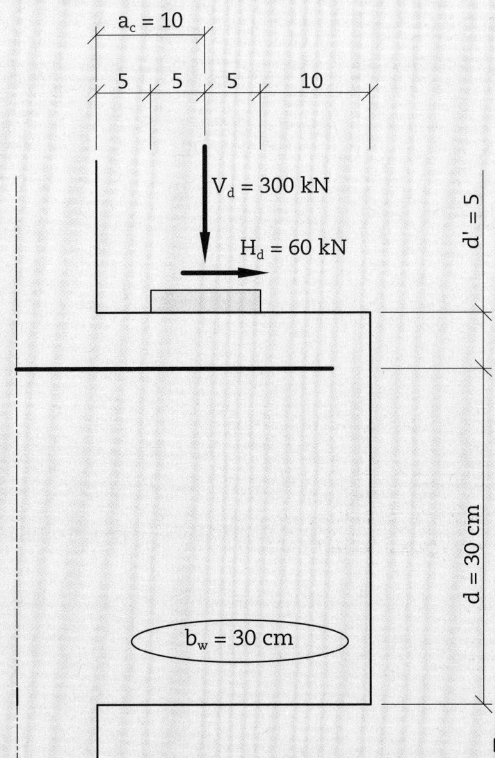

Fig. 6.7 *Geometria e forças do exemplo 1 (medidas em cm)*

- Passo 2

$$y = 30 - \sqrt{30^2 - 2 \times 5{,}47 \times 13{,}74} = 2{,}62 \text{ cm}$$

Verificação:

$$\frac{x}{d} = \frac{2{,}62}{0{,}8 \times 30} = 0{,}11 < 0{,}4 \text{ (OK)}$$

$$z = 30 - \frac{2{,}62}{2} = 28{,}69 \text{ cm}$$

- Passo 3

$$\text{cotg}\theta = \frac{2{,}62}{5{,}47} = 0{,}48 > 0{,}4 \text{ (OK) – consolo muito curto}$$

$$F_{td1} = 300 \times 0{,}48 + 60 = 204 \text{ kN}$$

$$A_{s,tir} = F_{td1}/f_{yd} = 204 / 43{,}5 = 4{,}69 \text{ cm}^2$$

$$A_{s,tir,mín} = 0{,}04 \times 30 \times 30 \times \frac{35}{500} = 2{,}52 \text{ cm}^2$$

Utilizando 6Ø10 (três laços de 10 mm):

$$A_{s,ef} = 6 \times 0{,}8 = 4{,}80 \text{ cm}^2$$

O modelo principal é mostrado na Fig. 6.8.

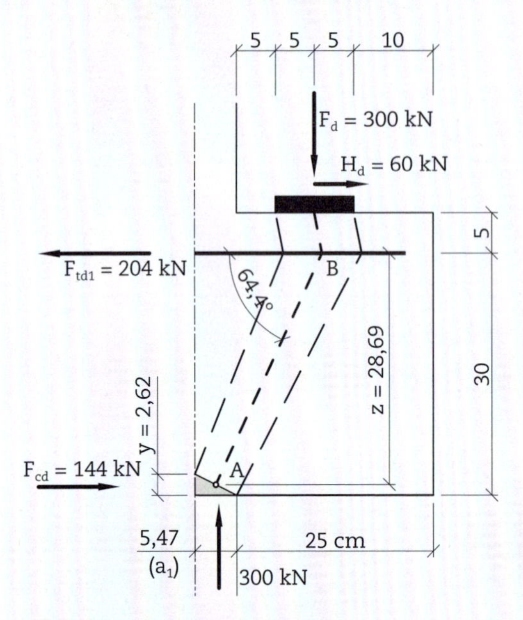

Fig. 6.8 *Modelo de bielas e tirantes para a determinação da armadura principal*

- Passo 4a: ancoragem do tirante

Região de má aderência (Fig. 4.3): ℓ_b (C35) = 43Ø = 43 cm (Tab. 4.2).

Comprimento de ancoragem necessário (Eq. 4.8), assumindo o uso de gancho e a compressão transversal:

$$\ell_{b,nec} = \alpha_1 \alpha_5 \ell_b \frac{A_{s,calc}}{A_{s,ef}} \geq \ell_{b,mín}$$

$$\ell_{b,nec} = 0{,}7 \times 0{,}7 \times 43 \text{ cm} = 21 \text{ cm}$$

$$\ell_{b,mín} = 0{,}3\ell_b \text{ ou } 10\varnothing \text{ ou } 10 \text{ cm} = 12{,}9 \text{ cm}$$

$$\ell_{b,disp} = 10 + 10 - 3 - 0{,}2 \times 5 = 16 \text{ cm}$$

Utilizando armadura transversal soldada:

$$\ell_{b,nec} = \alpha_1 \alpha_4 \alpha_5 \ell_b \frac{A_{s,calc}}{A_{s,ef}}$$

$$\ell_{b,nec} = 0{,}7 \times 21 \text{ cm} = 14{,}7 \text{ cm} \quad \text{(OK)}$$

- Passo 4b

Como a armadura não se estende até 2*d*' além da face externa do aparelho de apoio, a largura da biela em B é (Fig. 6.9):

$$a_{bie}^{B} = a_p \operatorname{sen}\theta = 10 \times \operatorname{sen}(64{,}4^{o}) = 9{,}02 \text{ cm}$$

Como se trata de nó CCT, a resistência é dada por:

$$f_{cd3} = 0{,}72 \times \left(1 - \frac{35}{250}\right) \times \frac{35}{1{,}4} = 15{,}48 \text{ MPa}$$

E a força na biela é dada por:

$$F_{cwd} = \frac{V_d}{\operatorname{sen}(\theta)} = \frac{300}{\operatorname{sen}(64{,}4^{\circ})} = 332{,}7 \text{ kN}$$

$$\sigma_{cd}^{B} = \frac{332{,}7}{30 \times 9{,}02} \times 10 = 12{,}29 \text{ MPa} < 15{,}48 \text{ MPa} \quad \text{(OK)}$$

Para a análise da tensão na biela, foi considerada a largura total do consolo, e não a do aparelho de apoio. Essa verificação é válida apenas no caso de existir armadura de estribo "costurando" a tração devido à "abertura" de carga transversalmente e no caso de a distância da face do consolo até a borda do aparelho de apoio ser menor que 2*d*'.

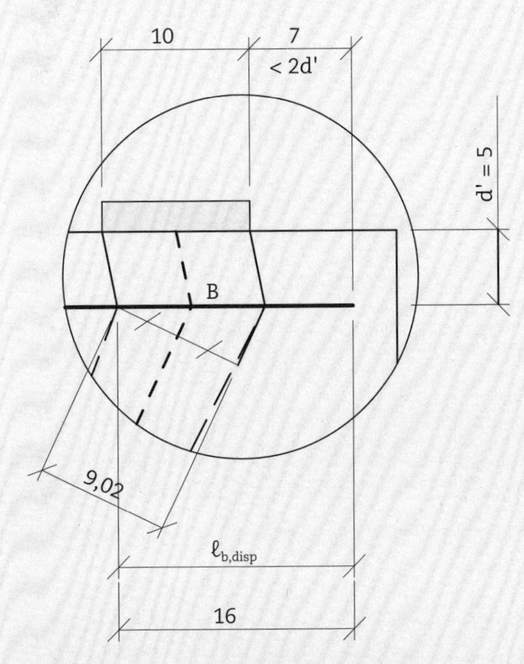

Fig. 6.9 *Geometria simplificada do nó B (CCT)*

Tensão introduzida pelo apoio:

$$\sigma^{B}_{cd,ap} = \frac{30}{25 \times 10} \times 100 = 12\ \text{MPa} < 15{,}48\ \text{MPa}$$

- Passo 5

Segundo as Eqs. 6.8 a 6.10:

$$a^{A}_{bie} = \sqrt{a_1{}^2 + y^2} = \sqrt{5{,}47^2 + 2{,}62^2} = 6{,}07\ \text{cm}$$

$$a_{bie} = \frac{6{,}07 + 9{,}02}{2} = 7{,}55\ \text{cm}$$

$$F_{wd} = 0{,}25 \times 332{,}7 \times \left(1 - 1{,}4 \times \frac{7{,}55}{28{,}69} \times \text{sen}\,64{,}4°\right)$$

$$F_{wd} = 55{,}5\ \text{kN}$$

$$F_{whd} = 2 \times 55{,}5 \times \text{sen}(64{,}4°) = 100{,}1\ \text{kN}$$

$$F_{wvd} = 2 \times 55{,}5 \times \cos(64{,}4°) = 48{,}0\ \text{tf}$$

$$A_{sh} = \frac{100{,}1}{43{,}5} = 2{,}30\ \text{cm}^2$$

$$A_{sv} = \frac{48{,}0}{43{,}5} = 1{,}10\ \text{cm}^2$$

Armaduras mínimas (NBR 9062 – ABNT, 2017):

$$A_{sh,mín} = 0{,}5 \frac{V_d \cdot \text{cotg}\theta}{f_{yd}} = 0{,}5 \times \frac{300 \times 0{,}48}{43{,}5} = 1{,}66\ \text{cm}^2$$

$$\frac{A_{sh,mín}}{s_v} = \frac{A_{sv,mín}}{s_h} = 0{,}15b \text{ cm/m} = 30 \times 0{,}15 = 4{,}5 \text{ cm}^2/\text{m}$$

O detalhamento é mostrado na Fig. 6.10.

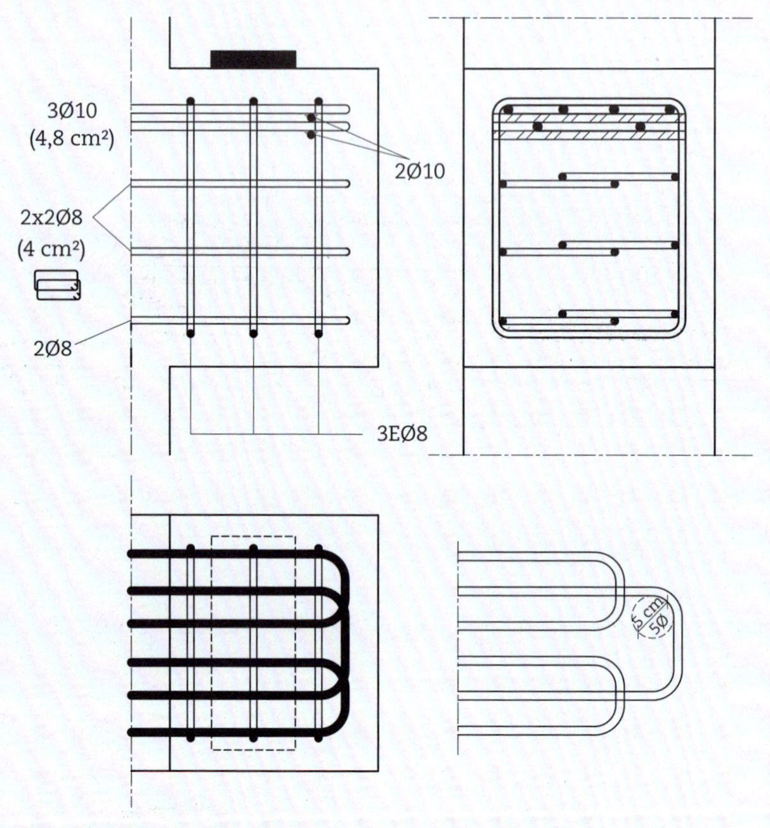

Fig. 6.10 *Detalhamento do exemplo 1*

Boxe 6.2 Exemplo 2

Dados:

- concreto C35 (f_{ck} = 35 MPa);
- aço CA-50 (f_{yk} = 500 MPa);
- cobrimento: 3,5 cm;
- aparelho de apoio: 35 cm × 15 cm.

A geometria e as forças atuantes são mostradas na Fig. 6.11.

Trata-se de um consolo curto, segundo a NBR 9062 (ABNT, 2017), com a_c/d = 0,53.

$$f_{cd1} = 0{,}85 \times \left(1 - \frac{35}{250}\right) \times \frac{35}{1{,}4} = 18{,}28 \text{ MPa}$$

$$f_{cd3} = 0{,}72 \times \left(1 - \frac{35}{250}\right) \times \frac{35}{1{,}4} = 15{,}48 \text{ MPa}$$

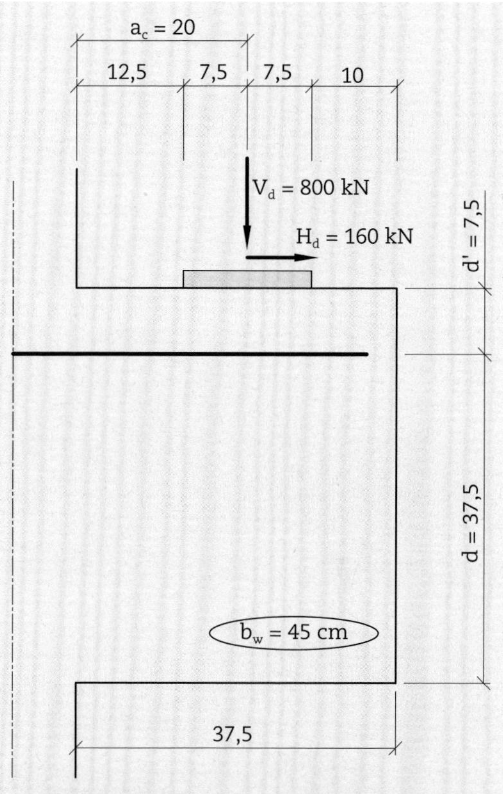

Fig. 6.11 *Geometria e forças do exemplo 2 (medidas em cm)*

- Passo 1

$$a_1 = \frac{800}{45 \times 1{,}828} = 9{,}73 \text{ cm}$$

$$a = \frac{9{,}73}{2} + 20 + 0{,}2 \times 7{,}5 = 26{,}37 \text{ cm}$$

- Passo 2

$$y = 37{,}5 - \sqrt{37{,}5^2 - 2 \times 9{,}73 \times 26{,}37} = 7{,}62 \text{ cm}$$

Verificação:

$$\frac{x}{d} = \frac{7{,}62}{0{,}8 \times 37{,}5} = 0{,}25 < 0{,}4 \text{ (OK)}$$

$$z = 37{,}5 - \frac{7{,}62}{2} = 33{,}69 \text{ cm}$$

- Passo 3

$$\text{cotg}\,\theta = \frac{7{,}62}{9{,}73} = 0{,}78 \rightarrow \theta \cong 52° \text{ - consolo curto}$$

$$F_{td1} = 800 \times 0{,}78 + 160 = 784 \text{ kN}$$

$$A_{s,tir} = \frac{784}{43{,}5} \cong 18{,}0 \text{ cm}^2$$

$$A_{s,tir,mín} = 0{,}04 \times 45 \times 45 \times \frac{35}{500} = 5{,}67 \text{ cm}^2$$

Utilizando três camadas de três laços Ø12,5 mm:

$$A_{s,ef} = 22{,}5 \text{ cm}^2$$

O modelo principal é mostrado na Fig. 6.12.

- Passo 4a

$$\ell_b = 43\varnothing = 43 \times 1{,}25 = 53{,}75 \text{ cm (região de má aderência, Tab. 4.2)}$$

$$\ell_{b,disp} = 15 + 10 - 3{,}5 - 0{,}2 \times 7{,}5 = 20 \text{ cm}$$

Usando gancho e barra transversal soldada, além da consideração da compressão transversal:

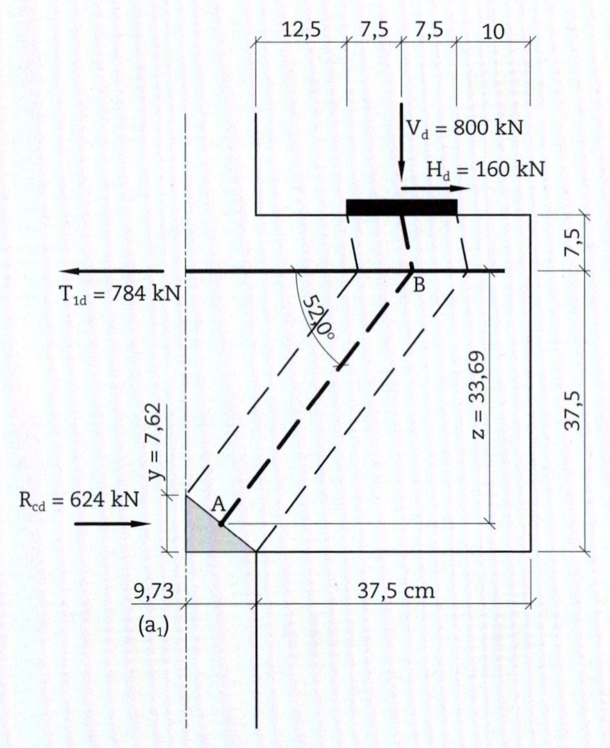

Fig. 6.12 *Modelo principal do exemplo*

$$\ell_{b,nec} = \alpha_1 \alpha_4 \alpha_5 \ell_b \frac{A_{s,calc}}{A_{s,ef}} \geq \ell_{b,mín} \quad \textbf{(Eq. 4.8)}$$

$$\ell_{b,nec} = 0,7 \times 0,7 \times 0,7 \times 53,75 = 18,5 \text{ cm}$$

$$\ell_{b,mín} = 0,3\ell_b \text{ ou } 10\varnothing \text{ ou } 10 \text{ cm} = 16,12 \text{ cm}$$

$$\ell_{b,nec} = 18,5 \text{ cm} < \ell_{b,disp} = 20 \text{ cm} \quad \text{(OK)}$$

- Passo 4b

$$a_{bie}^{B} = 15 \times \text{sen}\left(52^{\circ}\right) = 11,82 \text{ cm}$$

Logo,

$$F_{cwd} = 800/\text{sen}\left(52^{o}\right) = 1.015,2 \text{ kN}$$

$$\sigma_{cd}^{B} = \frac{1.015,2 \times 10}{45 \times 11,82} = 19,1 \text{ MPa} > f_{cd3} = 15,48 \text{ MPa}$$

Considerando as três camadas de barras, têm-se:

$$u = 2s + \varnothing = 6,25 \text{ cm} \quad \textbf{(Eq. 3.9)}$$

$$a_{bie} = a_{ap} \,\text{sen}\,\theta + u \cos\theta$$

$$a_{bie}^{B} = 15 \times \text{sen}\left(52^{\circ}\right) + 6,25 \times \cos\left(52^{\circ}\right) = 15,67 \text{ cm}$$

É interessante observar que, se a armadura fosse disposta em uma única camada, a largura da biela seria $a_{bie} = a_{ap}$ sen θ = 11,82 cm (ver Fig. 6.13).

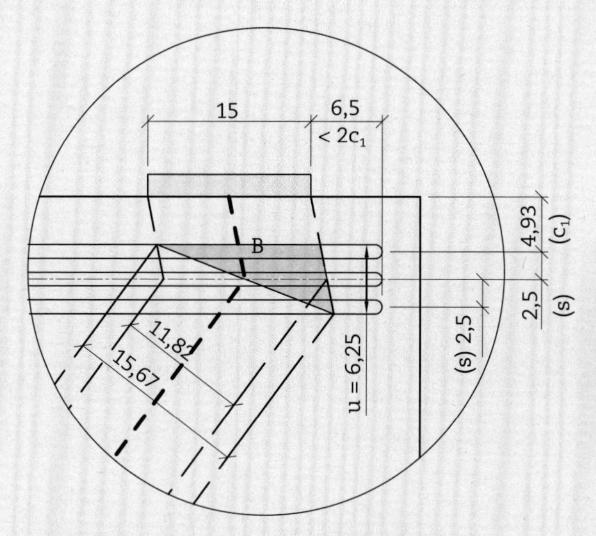

Fig. 6.13 *Geometria simplificada do nó B (CCT)*

Com isso,

$$\sigma_{cd}^{B} = \frac{1.015,2 \times 10}{45 \times 15,67} = 14,4 \text{ MPa} < 15,48 \text{ MPa}$$

Tensão introduzida pelo apoio:

$$\sigma_{cd,ap}^{B} = \frac{800}{40 \times 15} \times 10 = 13,33 \text{ MPa} < 15,48 \text{ MPa}$$

- Passo 5

Expressões simplificadas:

$$F_{wvd} = 800 \times \frac{2 \times 0,78 - 1}{3} = 149,3 \text{ kN}$$

$$F_{whd} = (0,4 - 0,2 \times 0,78) \times 800 = 195,2 \text{ kN}$$

Assumindo a biela em formato de garrafa:

$$a_{bie}^{A} = \sqrt{9,73^2 + 7,62^2} = 12,36 \text{ cm}$$

$$a_{bie} = \frac{12,36 + 15,67}{2} = 14,02 \text{ cm}$$

$$F_{twd} = \frac{1.015,2}{4} \times \left(1 - 1,4 \times \frac{14,02}{33,69} \times \text{sen}52°\right) = 137,3 \text{ kN}$$

$$F_{wvd} = 2 \times 137,3 \times \cos(53,2°) = 169,1 \text{ kN}$$

$$F_{whd} = 2 \times 137,3 \times \text{sen}(52°) = 216,4 \text{ kN}$$

Logo, tem-se:

$$A_{sv} = \frac{169,1}{43,5} = 3,89 \text{ cm}^2$$

Observação: apenas a armadura secundária vertical entre o apoio e a face do pilar tem função de armadura de suspensão. Com isso, recomenda-se que a armadura calculada seja disposta nessa região. No restante do consolo, deve-se respeitar a taxa mínima.

$$A_{sh} = \frac{216,4}{43,5} = 4,97 \text{ cm}^2$$

Armaduras mínimas (NBR 9062 – ABNT, 2017):

$$A_{sh,mín} = 0,4\frac{V_d \cdot \text{cotg}\theta}{f_{yd}} = 0,4 \times \frac{800 \times 0,78}{43,5} = 5,74 \text{ cm}^2$$

$$\frac{A_{sh,mín}}{s_v} = \frac{A_{sv,mín}}{s_h} = 0,15b \text{ cm/m} = 6,75 \text{ cm}^2\text{/m}$$

O detalhamento é mostrado na Fig. 6.14.

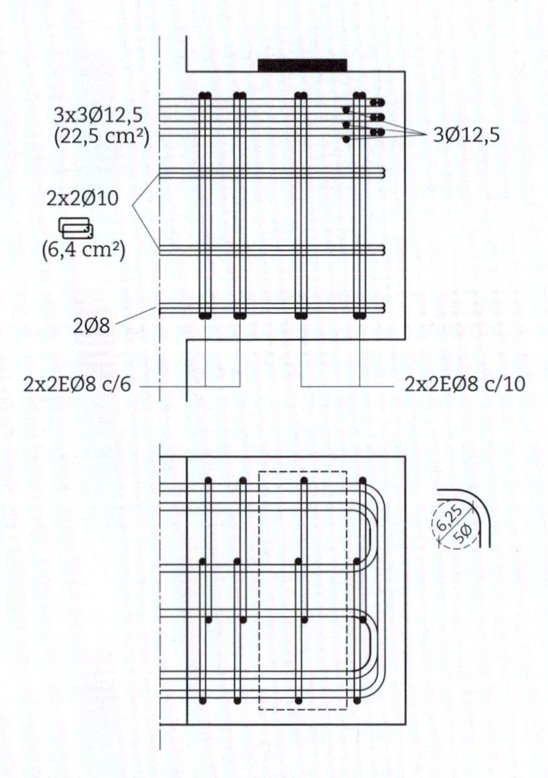

Fig. 6.14 *Detalhamento do exemplo 2*

6.5 Considerações adicionais

Os detalhes construtivos de um consolo são muito mais importantes do que qualquer deliberação sobre os modelos de bielas e tirantes e sobre a determinação "exata" da armadura do tirante (Steinle; Bachmann; Tillmann, 2019). De fato, as dimensões são pequenas e, por isso, bastante sensíveis aos desvios construtivos. Os exemplos anteriores mostram as dificuldades da ancoragem do tirante principal, e qualquer centímetro de erro construtivo pode fazer muita diferença. Além disso, um detalhamento inadequado pode levar a uma ruptura frágil do consolo.

É interessante deixar uma folga entre a armadura principal calculada e a efetivamente detalhada, e as normas brasileiras prescrevem um fator de segurança adicional (γ_n) justamente por essa razão. A NBR 9062 (ABNT, 2017) define o valor do coeficiente γ_n como segue:

- No caso de elementos pré-fabricados:
  - ◊ γ_n = 1,0, quando a carga permanente for preponderante;
  - ◊ γ_n = 1,1, em caso contrário.
- No caso de elementos pré-moldados:
  - ◊ γ_n = 1,1, quando a carga permanente for preponderante;
  - ◊ γ_n = 1,2, em caso contrário.

A execução da obra deve ser cuidadosa em qualidade e planejamento, pois os potenciais problemas são desproporcionais às potenciais economias (Steinle; Bachmann; Tillmann, 2019).

Em relação ao detalhamento, destaca-se:

- De modo a evitar danos às bordas dos consolos, o aparelho de apoio deve ter área menor que a área delimitada pelas armaduras principais.
- O espaço disponível para a ancoragem do tirante é pequeno. Na maioria das vezes é tão pequeno que laços, barras transversais soldadas ou placas de ancoragem são necessárias.
- Ganchos verticais devem ser evitados, exceto em caso de aparelho de apoio fora da curvatura da barra (levando-se em conta a tolerância de montagem). No entanto, a NBR 9062 (ABNT, 2017) não permite ganchos para bitolas maiores que 16 mm.
- A armadura do tirante dentro do pilar deve ser avaliada como em nós de pórtico.
- Para detalhes construtivos adicionais, ver NBR 9062 (ABNT, 2017).

DENTES GERBER

Dente Gerber é um detalhe muito comum em construções de concreto pré-moldado. As vantagens arquitetônicas são a redução da altura total da construção e a harmonia com os consolos, permitindo uma transição suave.

7.1 Modelos de bielas e tirantes aplicados a dente Gerber

Existem dois modelos principais aplicados a dentes Gerber, um de suspensão vertical (Fig. 7.1a) e outro com tirante diagonal (Fig. 7.1d). Ensaios experimentais disponíveis na literatura mostram a viabilidade do modelo de suspensão vertical (Jirsa et al., 1991) e, também, da combinação dos dois modelos (Mata Falcón; Fernández Ruiz; Muttoni, 2014), cujo resultado é apresentado na Fig. 7.1e.

Segundo Steinle, Bachmann e Tillmann (2019), o modelo de suspensão vertical, que tem um detalhamento mais simples, é utilizado para cargas leves e moderadas, e o modelo combinado, para cargas pesadas. Os modelos de suspensão vertical e com tirante inclinado têm vantagens e desvantagens; enquanto o primeiro não controla muito bem as fissuras críticas que aparecem no canto, o segundo não é eficiente para resistir aos esforços de tração que aparecem no dente, além de apresentar difícil viabilidade da ancoragem do tirante. O modelo mais adequado é a combinação dos dois.

Segundo Schlaich e Schäfer (2001), o modelo com tirante inclinado não deve absorver mais que 70% da reação V_d. Uma proposta de distribuição da carga é (Zilch; Zehetmaier, 2010):

$$V_{1d} = \left(1 - \frac{h_1}{h}\right) V_d \geq 0{,}3 V_d$$
$$V_{2d} = \frac{h_1}{h} V_d \leq 0{,}7 V_d \qquad (7.1)$$

As normas brasileiras – NBR 6118 (ABNT, 2014) e NBR 9062 (ABNT, 2017) – indicam apenas o modelo de suspensão vertical, conforme a Fig. 7.2.

A NBR 6118 (ABNT, 2014, p. 187) estabelece que "a armadura de suspensão deve ser calculada para uma força no mínimo igual a F_d, de acordo com o modelo biela-tirante adotado". Em tese, a combinação dos dois modelos anteriores seria

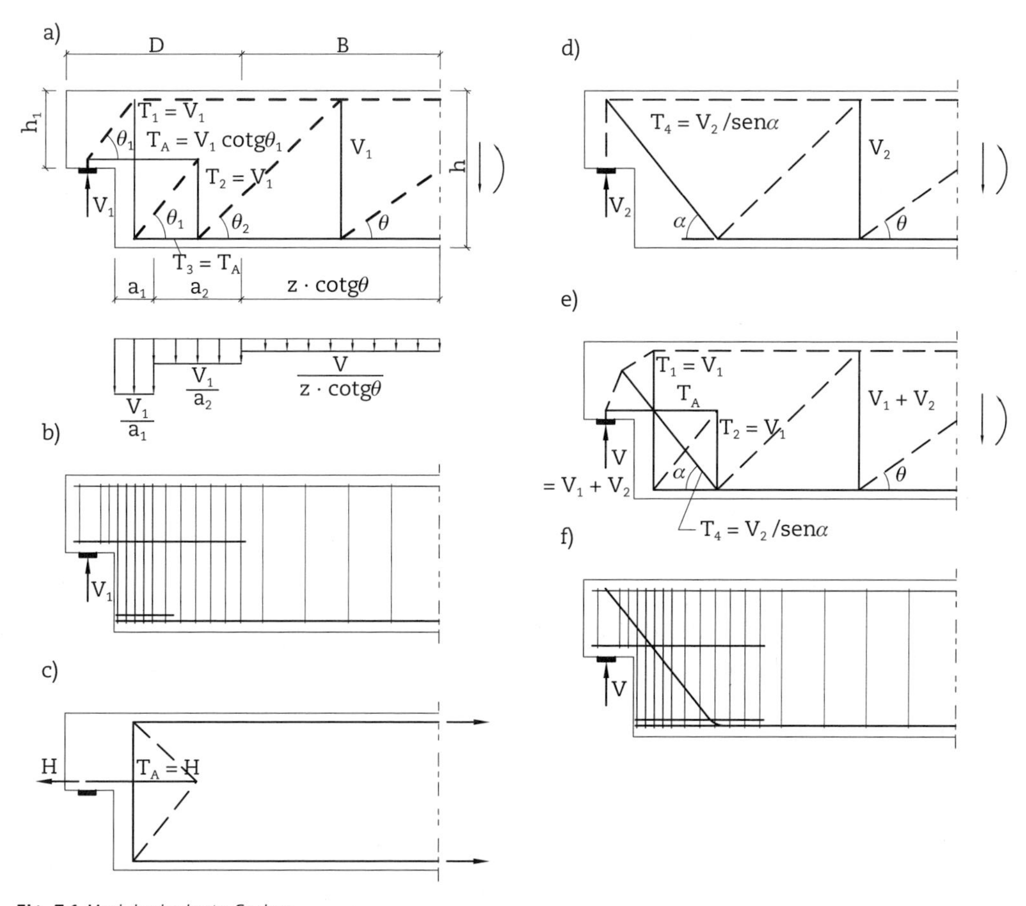

Fig. 7.1 *Modelo de dente Gerber*
Fonte: adaptado de Schlaich e Schäfer (2001).

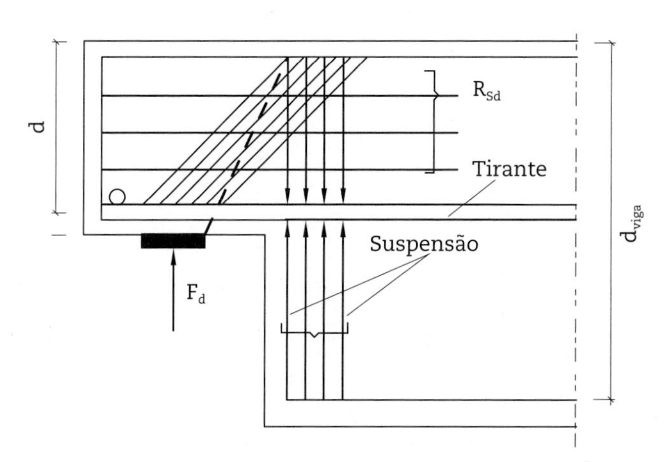

Fig. 7.2 *Modelo de bielas e tirantes segundo a norma de concreto*
Fonte: ABNT (2014).

possível, uma vez que V_d (ou F_d, conforme a nomenclatura da norma) é resistida por combinação de estribos verticais e tirantes inclinados. No entanto, no que diz respeito ao detalhamento, essa norma indica que a armadura de suspensão "deve ser preferencialmente constituída de estribos, na altura completa da viga, concentrados na sua extremidade" (ABNT, 2014, p. 188).

A NBR 9062 (ABNT, 2017, p. 57) também indica o modelo da Fig. 7.2 e estabelece que "deve existir armadura de suspensão capaz de resistir à totalidade das cargas verticais aplicadas no dente (F_d) com tensão f_{yd}. Esta tensão não pode superar 435 MPa". Além disso, estabelece que a armadura de suspensão "deve ser disposta concentrada na extremidade da viga adjacente ao dente de apoio, na forma de estribos fechados que envolvam a armadura longitudinal da viga" (ABNT, 2017, p. 57), conforme a Fig. 7.3.

Por conta do que estabelecem as normas brasileiras, será detalhado apenas o modelo de suspensão vertical.

O modelo de bielas e tirantes do dente é muito parecido com o modelo usado em consolos. A diferença é que a biela inclinada não se equilibra mais no canto do pilar, mas na armadura de suspensão. De modo similar ao consolo, a força no tirante é determinada por:

$$F_{td1} = V_d \cot g\theta_1 \tag{7.2}$$

O ângulo da biela entre os nós A e B (Fig. 7.4) depende da quantidade de estribo necessária para resistir à força $F_{td2} = V_d$, em que a_1 é a largura do conjunto de estribos que servem como armadura de suspensão, logo:

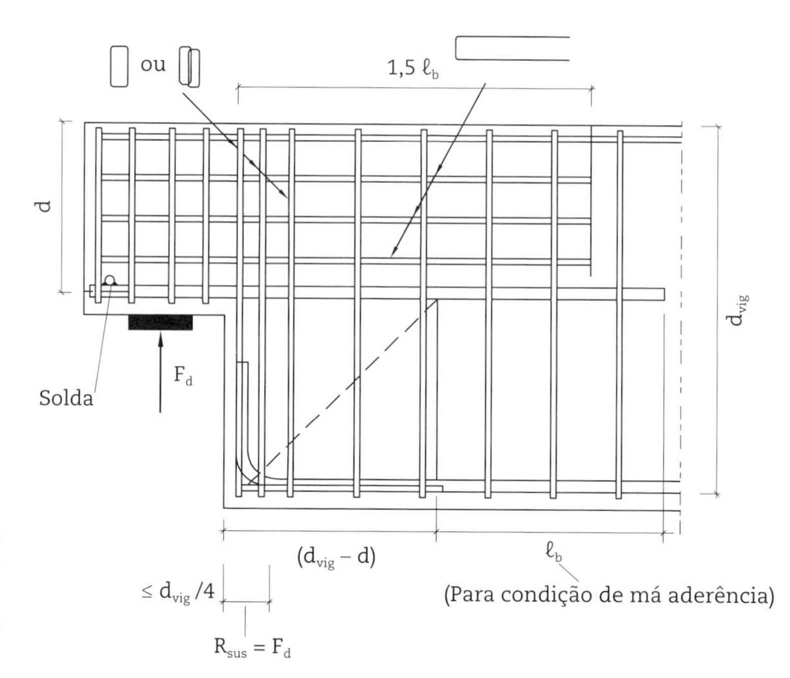

Fig. 7.3 *Detalhe das armaduras de dentes Gerber segundo a norma de pré-moldados*
Fonte: ABNT (2017).

$$a_1 = (n-1)s + \varnothing \qquad (7.3)$$

$$a = a_c + c + a_1 / 2 \qquad (7.4)$$

Assumindo a tensão na biela horizontal do nó B igual à resistência f_{cd3} (nó CCT), tem-se:

$$y = d_1 - \sqrt{d_1^{\,2} - \frac{2V_d a}{b f_{cd3}}} \qquad (7.5)$$

E, consequentemente:

$$\mathrm{tg}\,\theta_1 = \frac{z_1}{a} = \frac{d_1 - y/2}{a} \qquad (7.6)$$

A armadura horizontal é ancorada pela biela entre os nós C e D. A proposta do modelo da Fig. 7.4 é que a inclinação dessa biela seja igual a θ_1, de modo que:

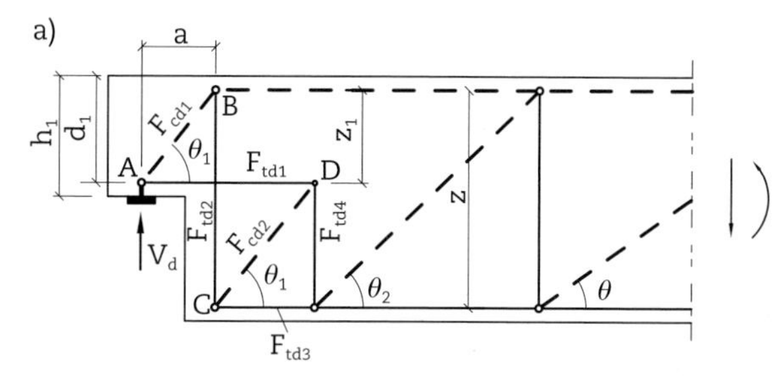

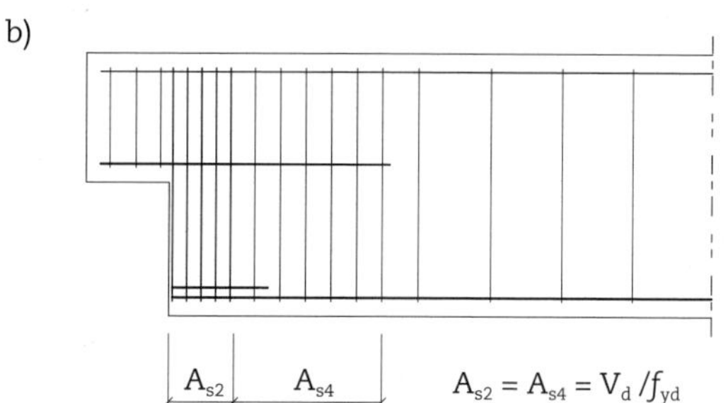

Fig. 7.4 *Modelo de suspensão vertical: a) modelo de bielas e tirantes e b) armaduras necessárias*

$$F_{td4} = V_d \qquad (7.7)$$

Adicionalmente, é necessário adaptar o modelo para resistir a um esforço horizontal combinado à força vertical. A NBR 9062 (ABNT, 2017) prescreve valores mínimos que devem ser assumidos. O modelo da Fig. 7.1c pode ser adicionado ao modelo de suspensão vertical assumindo o mesmo ângulo θ_1 entre a biela inclinada e o tirante inferior.

Ao combinar os modelos da Fig. 7.1a e da Fig. 7.1c, a armadura vertical próxima ao canto deixa de ser apenas uma armadura de suspensão e funciona também como armadura de desvio da força horizontal. O modelo completo é mostrado na Fig. 7.5.

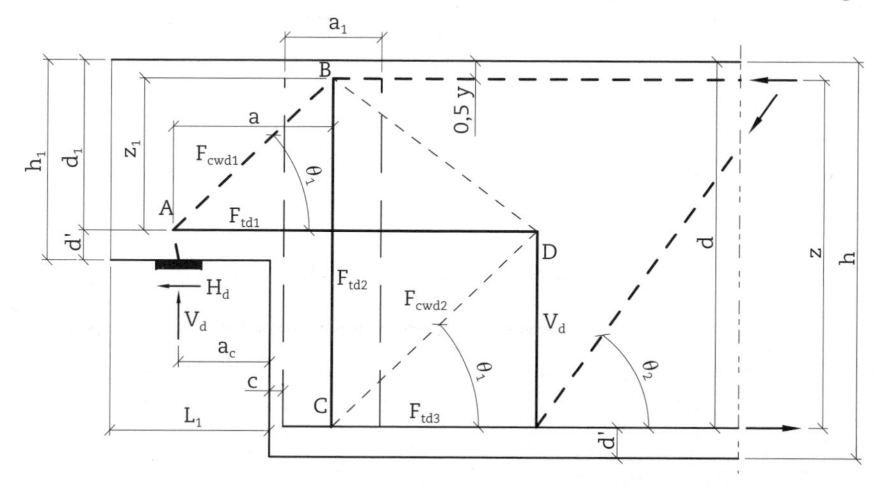

Fig. 7.5 *Modelo combinado de suspensão vertical com força horizontal*

Uma vez que existe força horizontal, a força no tirante vertical F_{td2} não é mais conhecida previamente e depende de θ_1. Com isso, é preciso estimar essa força e a armadura necessária de modo a definir o momento fletor que deve ser resistido pelo dente, dado que:

$$a = a_c + c + a_1 / 2 + e \tag{7.8}$$

em que:

$e = \frac{H_d}{V_d} d'$ e corresponde à excentricidade da força vertical V_d devida à força horizontal H_d em relação ao eixo do tirante.

Por simplificação, a espessura do aparelho de apoio foi desprezada no cálculo da excentricidade e.

Pode-se estimar a força F_{td2} como sendo a força vertical (conforme o modelo de suspensão vertical) acrescida de parcela da força horizontal, como segue:

$$F_{td2} \cong V_d + \frac{h_1}{h} H_d \tag{7.9}$$

E, consequentemente:

$$A_{s2} \cong \frac{F_{td2}}{f_{yd}} \tag{7.10}$$

Uma vez determinada a armadura, define-se a_1 conforme a Eq. 7.3, calcula-se y pela Eq. 7.5 e elabora-se o modelo completo ao definir o ângulo θ_1 com o auxílio da Eq. 7.6. As forças nos tirantes são determinadas por:

$$\begin{gathered} F_{td1} = V_d \operatorname{cotg}\theta_1 + H_d \\ F_{td3} = V_d \operatorname{cotg}\theta_1 + H_d \frac{z_1}{z} \\ F_{td2} = F_{td3} \operatorname{tg}\theta_1 \Rightarrow A_{s2} = F_{td2}/f_{yd} \end{gathered} \tag{7.11}$$

Caso a força F_{td2} calculada pelo modelo seja resistida pelos estribos definidos inicialmente, prossegue-se com a verificação dos nós (resistência do concreto e ancoragem das barras).

Assumindo, primeiramente, que não haja limitações para a inclinação mínima da biela em leque que ancora o tirante do dente (biela CD), a ancoragem das barras começa logo após os estribos verticais de suspensão. No entanto, a largura do nó D pode ser maior que o comprimento de ancoragem (ℓ_b) e, então, deve prevalecer a largura do nó D (a^D), ou seja, as barras devem cruzar todo o campo de compressões, conforme discutido no Cap. 3. A largura do nó D é determinada por:

$$a^D = 2(d - d_1)\operatorname{cotg}\theta_1 - a_1 \tag{7.12}$$

Dependendo da geometria, a^D pode ser muito grande e resultar em ângulo entre parte da biela em leque e o tirante menor que o limite da NBR 6118 (ABNT, 2014). Para evitar isso, propõe-se limitar o menor ângulo entre biela e tirante em 30°. Assim, a largura máxima da biela, que deve ter o nó D no centro, é:

$$a^D = a_1 + 2(d - d_1)(\text{cotg}\,\theta_{mín} - \text{cotg}\,\theta_1)$$
$$a^D = a_1 + 2(d - d_1)(\text{cotg}\,30° - \text{cotg}\,\theta_1) \qquad (7.13)$$

No caso de a largura do nó D ser limitada pelo ângulo mínimo, a ancoragem das barras não começa logo após a armadura de suspensão, mas do início do nó D. De modo a simplificar a definição do comprimento do tirante, pode-se assumir que, a partir do ponto D, o tirante deve ter no mínimo comprimento igual ao maior valor entre ℓ_b e $a^D/2$, sendo que, ao assumir essa simplificação, ℓ_b pode sempre ser considerado para a situação de boa aderência ($\eta_2 = 1{,}0$).

Uma vez definida a largura do nó D, a armadura vertical de ancoragem do tirante é:

$$\frac{A_{s4}}{s} = \frac{V_d}{a^D f_{yd}} \qquad (7.14)$$

7.2 Roteiro de cálculo

O modelo principal (Fig. 7.5) é determinado através dos passos 1 a 4:

- Passo 1: estimar F_{td2}

$$F_{td2}^{est} \approx V_d + \frac{h_1}{h} H_d \Rightarrow A_{susp}^{est} = \frac{F_{td2}}{f_{yd}}$$

Definir a_1 com base na armadura de suspensão estimada e no comprimento de ancoragem necessário para as barras inferiores (equilíbrio do nó C):

$$a_1 = (n-1)s + \varnothing$$

em que:
n é o número de estribos de suspensão;
s é o espaçamento entre linhas de estribos;
Ø é o diâmetro dos estribos.

- Passo 2: flexo-tração do dente (determinação de y)

$$y = d_1 - \sqrt{{d_1}^2 - \frac{2V_d a}{b f_{cd3}}}$$

$$a = \frac{H}{V}d' + a_c + c + \frac{a_1}{2}$$

Verificação de capacidade de rotação plástica:

$$x/d = y/(\lambda d) \leq 0{,}4$$

$$\lambda = \begin{cases} 0{,}8 \, para \, f_{ck} \leq 50\,\text{MPa} \\ 0{,}8 - \left(\dfrac{f_{ck} - 50}{400}\right) \text{para} \, f_{ck} > 50\,\text{MPa} \end{cases}$$

$$\text{cotg}\,\theta_1 = a/z_1 \therefore z_1 = d_1 - 0{,}5y$$

$$F_{td1} = V_d \,\text{cotg}\,\theta_1 + H_d$$

- Passo 3: determinação das forças de tração do modelo e validação do a_1

$$F_{td3} = V_d \text{cotg}\,\theta_1 + H_d \frac{z_1}{z}$$

$$F_{td2} = F_{td3}\,\text{tg}\,\theta_1 \Rightarrow A_{susp} = F_{td2}/f_{yd}$$

Confirmar a_1 ou ajustá-lo, se necessário.

- Passo 4: verificação dos nós A (CCT) e C (CTT)

Verificação da ancoragem das armaduras A_{s1} e A_{s3}.

Verificação das tensões de compressão:

$$\sigma_{cd} = \frac{F_{cwd1}}{ba_{bie}^{A}} \leq f_{cd3} \;\text{ e }\; \sigma_{cd} = \frac{F_{cwd2}}{ba_{bie}^{C}} \leq f_{cd2}$$

Observação: se a largura do aparelho de apoio for muito diferente da largura do consolo, $b = b_{aparelho} + 2c$.

O modelo refinado da Fig. 7.6 mostra o detalhamento necessário para determinar as armaduras secundárias e o detalhamento da região D.

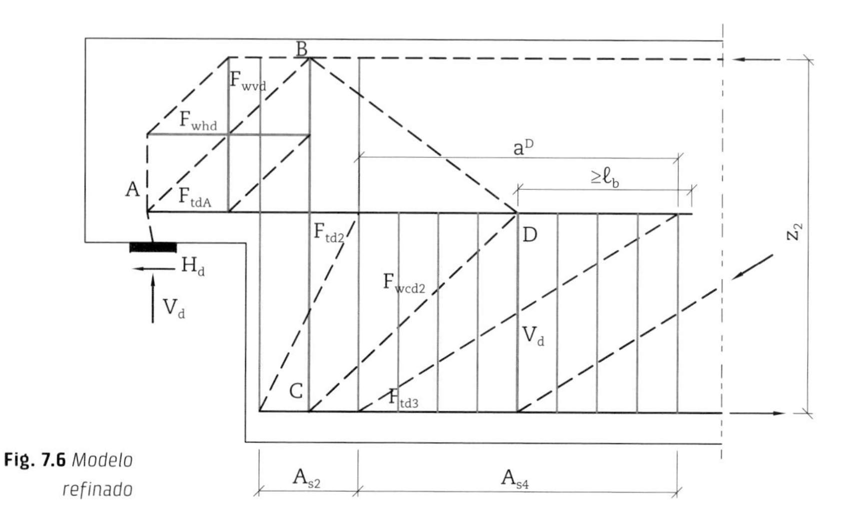

Fig. 7.6 *Modelo refinado*

- Passo 5: distribuição da armadura A_{s4} e comprimento do tirante

$$a^D = \text{menor entre}\begin{cases} 2(d-d_1)\text{cotg}\,\theta_1 - a_1 \\ a_1 + 2(d-d_1)(\text{cotg}\,\theta_{mín} - \text{cotg}\,\theta_1) \end{cases}$$

$$\theta_{mín} = 30° \text{ (NBR 6118 – ABNT, 2014)}$$

$$\frac{A_{sw}}{s} = \frac{A_{s4}}{a^D} = \frac{V_d}{a^D f_{yd}}$$

Comprimento do tirante (trecho longitudinal, sem considerar uma possível dobra vertical):

$$L_{tir} = L_1 + \frac{a_1}{2} + (d-d_1)\text{cotg}\,\theta_1 + \text{maior entre}\begin{cases} a^D/2 \\ \ell_b \end{cases}$$

- Passo 6: determinação das armaduras secundárias

Modelo de biela em garrafa:

$$a_{bie}^A = a_{ap}\,\text{sen}\,\theta_1 + u\cos\theta_1 \;\therefore\; a_{bie}^B = a_1\,\text{sen}\,\theta_1 + y\cos\theta_1$$

$$a_{bie} = 0{,}5\left(a_{bie}^A + a_{bie}^B\right)$$

$$F_{twd} = 0{,}25F_{cwd1}\left(1 - 1{,}4\frac{a_{bie}}{z_1}\text{sen}\,\theta_1\right)$$

$$F_{wvd} = 2F_{twd}\cos\theta \rightarrow A_{sv} = F_{wvd}/f_{ywd}$$

$$F_{whd} = 2F_{twd}\,\text{sen}\,\theta \rightarrow A_{sh} = F_{whd}/f_{yd}$$

Modelo alternativo usando expressões simplificadas (Fig. 7.6):

$$F_{wvd} = V_d(2a/z - 1)/3 \Rightarrow A_{sv} = F_{wvd}/f_{ywd}, \text{ para } 0{,}5 \le a/z \le 2$$

$$F_{whd} = (0{,}4 - 0{,}2a/z)V_d \Rightarrow A_{sh} = F_{whd}/f_{yd}, \text{ para } 0{,}4 \le a/z \le 2$$

Armaduras mínimas:

$$A_{sh,mín} = 0{,}5\frac{V_d\,\text{cotg}\,\theta}{f_{yd}} \quad (0{,}4 \le a_c/z \le 0{,}5)$$

$$A_{sh,mín} = 0{,}4\frac{V_d\,\text{cotg}\,\theta}{f_{yd}} \quad (0{,}5 < a_c/z \le 1{,}0)$$

$$\frac{A_{sh,mín}}{s_v} = \frac{A_{sv,mín}}{s_h} = 0{,}15b \text{ cm/m} \quad (\text{taxa mínima a ser respeitada, } a_c/z \le 1{,}0)$$

$$\frac{A_{sh,mín}}{s} = 0{,}2b \text{ cm/m} \quad (a_c/z > 1\text{, armadura de pele})$$

7.3 Exemplo

O Boxe 7.1 apresenta um exemplo de dimensionamento de um dente Gerber.

Boxe 7.1 Exemplo de dimensionamento de dente Gerber

Dados:

- concreto C35 (f_{ck} = 35 MPa);
- aço CA-50 (f_{yk} = 500 MPa);
- bw = 35 cm;
- cobrimento: 3 cm;
- aparelho de apoio: 25 cm × 10 cm;
- V_d = 200 kN;
- H_d = 40 kN.

A geometria do dente Gerber é mostrada na Fig. 7.7.

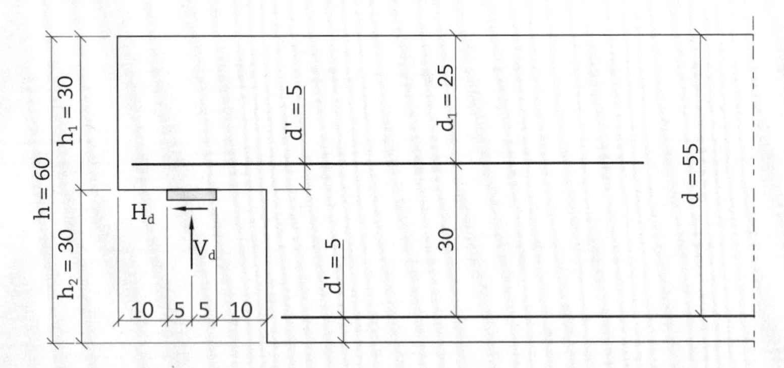

Fig. 7.7 *Exemplo de dente Gerber*

Dados auxiliares:

$$f_{cd2} = 0{,}6\left(1 - \frac{35}{250}\right) \times \frac{35}{1{,}4} = 12{,}90 \text{ MPa}$$

$$f_{cd3} = 0{,}72\left(1 - \frac{35}{250}\right) \times \frac{35}{1{,}4} = 15{,}48 \text{ MPa}$$

- Passo 1: estimativa da armadura de suspensão

$$F_{td2} \approx V_d + H_d / 2 = 200 + 20 = 220 \text{ kN} \rightarrow A_{s2} = 220/43{,}5 = 5{,}06 \text{ cm}^2$$

Assumindo inicialmente 4EØ10 c/5, têm-se:

$$a_1 = 3 \times 5 + 1 = 16 \text{ cm}$$

$$a = 15 + 3 + \frac{16}{2} + \frac{40}{200} \times 5 = 27 \text{ cm}$$

- Passo 2: cálculo de y

$$y = d_1 - \sqrt{d_1^2 - \frac{2V_d a}{bf_{cd3}}} = 25 - \sqrt{25^2 - \frac{2 \times 200 \times 27}{35 \times 1{,}548}} = 4{,}37 \text{ cm}$$

Verificação:

$$\frac{x}{d} = \frac{4{,}37}{0{,}8 \times 25} = 0{,}22 < 0{,}4 \text{ (OK)}$$

$$z_1 = 25 - \frac{4{,}37}{2} = 22{,}82 \text{ cm}$$

$$z = 55 - \frac{4{,}37}{2} = 52{,}82 \text{ cm}$$

Determinação das armaduras principais:

$$\text{tg}\,\theta_1 = \frac{22{,}82}{27} = 0{,}845 \rightarrow \theta_1 \cong 40{,}2°$$

$$F_{td1} = V_d \,\text{cotg}\,\theta_1 + H_d = 200 \times 1{,}183 + 40 = 276{,}68 \text{ kN}$$

$$A_{s,tir} = 276{,}68 / 43{,}5 \cong 6{,}36 \text{ cm}^2$$

Utilizando três laços Ø12,5 mm:

$$A_{s,tir,ef} = 7{,}5 \text{ cm}^2$$

- Passo 3: determinação da força de tração nos demais tirantes e validação do a_1

$$F_{td3} = V_d \,\text{cotg}\,\theta_1 + H_d \frac{z_1}{z} = 200 \times 1{,}183 + 40 \times \frac{22{,}82}{52{,}82} = 253{,}96 \text{ kN}$$

$$A_{s,inf} = 5{,}84 \text{ cm}^2$$

Utilizando três laços Ø12,5 mm:

$$A_{s,inf,ef} = 7{,}5 \text{ cm}^2$$

$$F_{td2} = F_{td3} \,\text{tg}\,\theta_1 = 253{,}96 \times 0{,}845 = 214{,}60 \text{ kN}$$

$$A_{s,susp} = 4{,}93 \text{ cm}^2$$

$$4E\varnothing 10 \text{ c/5} \rightarrow A_{s,susp} = 6{,}4 \text{ cm}^2 \text{ (OK)}$$

O modelo é mostrado na Fig. 7.8.

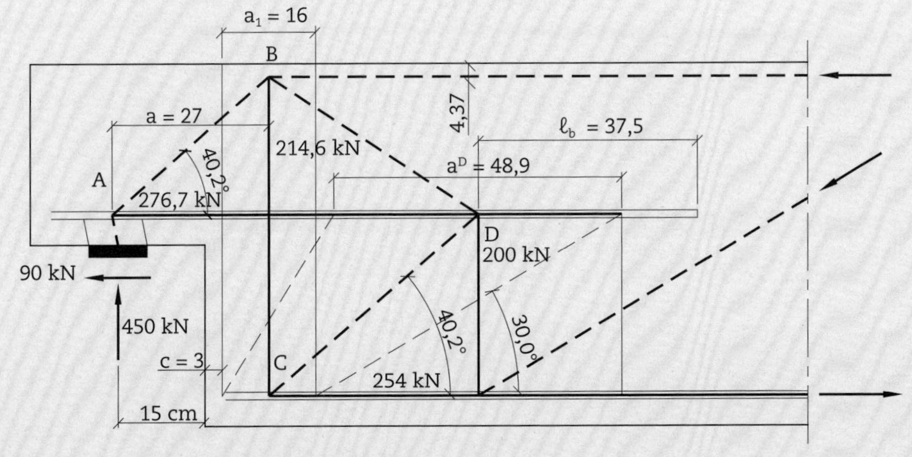

Fig. 7.8 *Modelo de bielas e tirantes do exemplo*

- Passo 4: verificação dos nós
- Passo 4a: ancoragem das barras

$$\ell_b = 30\varnothing = 30 \times 1{,}25 = 37{,}5 \text{ cm} \quad \text{(Tab. 4.2)}$$

Nó A:

$$\ell_{b,disp} = 20 - 3 - 0{,}2 \times 5 = 16 \text{ cm}$$

Usando gancho e considerando a pressão transversal:

$$\sigma_{cd,ap}^{A} = \frac{200}{25 \times 10} \times 10 = 8 \text{ MPa} > 7{,}5 \text{ MPa} \Rightarrow \alpha_5 = 0{,}7$$

$$\ell_{b,nec} = \alpha_1 \alpha_5 \ell_b \frac{A_{s,nec}}{A_{s,ef}} = 0{,}7 \times 0{,}7 \times 37{,}5 \times \frac{6{,}36}{7{,}5} = 15{,}6 \text{ cm} \quad \text{(Eq. 4.8)}$$

$$\ell_{b,nec} < \ell_{b,disp} \quad \text{(OK)}$$

Nó C:

$$\ell_{b,disp} = a_1 = 16 \text{ cm}$$

Usando gancho e barra transversal soldada:

$$\ell_{b,nec} = 0{,}7 \times 0{,}7 \times 37{,}5 \times \frac{5{,}84}{7{,}5} = 14{,}3 \text{ cm}$$

$$\ell_{b,nec} < \ell_{b,disp} \quad \text{(OK)}$$

- Passo 4b: verificação das tensões de compressão dos nós

Nó A:

$$a_2^A = a_p \operatorname{sen}\theta_1 + u \cos\theta_1$$

$$u = 0$$

$$a_2^A = 10 \times \operatorname{sen}\left(40{,}2^\circ\right) = 6{,}45 \text{ cm}$$

Logo,

$$F_{cwd1} = \frac{V_d}{\operatorname{sen}(\theta_1)} = \frac{200}{\operatorname{sen}\left(40{,}2^\circ\right)} = 309{,}87 \text{ kN}$$

$$\sigma_{cd}^{A} = \frac{309{,}87 \times 10}{35 \times 6{,}45} = 13{,}7 \text{ MPa} < f_{cd3} = 15{,}48 \text{ MPa} \quad \text{(OK)}$$

Tensão introduzida pelo apoio:

$$\sigma_{cd,ap}^{A} = \frac{200}{25 \times 10} \times 10 = 8 \text{ MPa}$$

$$\sigma_{cd,ap}^{A} < f_{cd3}$$

Nó B: não necessita ser verificado, uma vez que o cálculo de y respeita a tensão f_{cd3}.

Nó C:

$$a_2^C = 16 \times \text{sen}(40,2°) = 10,32 \text{ cm}$$

Logo,

$$F_{cwd2} = \frac{F_{td2}}{\text{sen}(\theta_1)} = \frac{214,6}{\text{sen}(40,2°)} = 332,49 \text{ kN}$$

$$\sigma_{cd}^C = \frac{332,49 \times 10}{35 \times 10,32} = 9,2 \text{ MPa} < f_{cd2} = 12,9 \text{ MPa}$$

- Passo 5: armaduras secundárias $\left(\frac{a_c}{d} = 0,7\right)$

$$F_{wvd} = V_d \frac{(2a/z - 1)}{3} = 200 \times \frac{(2 \times 1,183 - 1)}{3} = 91,1 \text{ kN}$$

$$A_{sv} = \frac{91,0}{43,5} = 2,1 \text{cm}^2 \text{ (2E}\varnothing\text{10)}$$

$$F_{wvd} = V_d \left(0,4 - 0,2\frac{a}{z}\right) = 200 \times (0,4 - 0,2 \times 1,183) = 32,7 \text{ kN}$$

$$A_{sh} = \frac{32,7}{43,5} = 0,75 \text{ cm}^2$$

Armaduras mínimas (NBR 9062 – ABNT, 2017):

$$A_{sh} = \frac{0,4V_d \text{cotg}\theta}{f_{yd}} = \frac{0,4 \times 200 \times 1,183}{43,5} = 2,17 \text{cm}^2$$

$$\frac{A_{sh,mín}}{s_v} = 0,15b \text{ cm/m} = 35\text{cm} \times 0,15 \text{ cm/m} = 5,25 \text{ cm}^2/\text{m}$$

$$A_{sh,mín} = \frac{A_{sh,mín}}{s_v} d = 5,25 \times 0,25 = 1,31 \text{ cm}^2$$

- Passo 6: comprimento e ancoragem do tirante no nó D e distribuição da armadura vertical

$$a^D = 2(d - d_1)\text{cotg}\theta_1 - a_1$$

$$a^D = 2(55 - 25) \times \text{cotg}40,2° - 16 = 54,99 \text{ cm}$$

$$a_{máx}^D = a_1 + 2(d - d_1)(\text{cotg}\,\theta_{mín} - \text{cotg}\theta_1)$$

$$a_{máx}^D = 16 + 2(55 - 25)(\text{cotg}30° - \text{cotg}40,2°) = 48,9 \text{ cm}$$

$$a^D = 54,99 > a_{máx}^D$$

$$\frac{A_{sw}}{s} = \frac{V_d}{f_{yd}a_{máx}^D} = \frac{200}{0,49 \times 43,5} \cong 9,4 \text{ cm}^2/\text{m}$$

$$\frac{A_{sw}}{s} \rightarrow \text{E}\varnothing 8 \text{ c/10 } \left(10\text{cm}^2/\text{m}\right)$$

Comprimento do tirante:

$$L_{tir} = L_1 + \frac{a_1}{2} + (d - d_1)\text{cotg}\,\theta_1 + \text{maior entre}\begin{cases} a^{D}/_{2} \\ \ell_b \end{cases}$$

$$L_{tir} = 30 + \frac{16}{2} + (55 - 25)\text{cotg}\,40{,}2° + \text{maior entre}\begin{cases} 48{,}9/2 \\ 37{,}5 \end{cases} = 111\text{ cm}$$

O detalhamento é mostrado na Fig. 7.9.

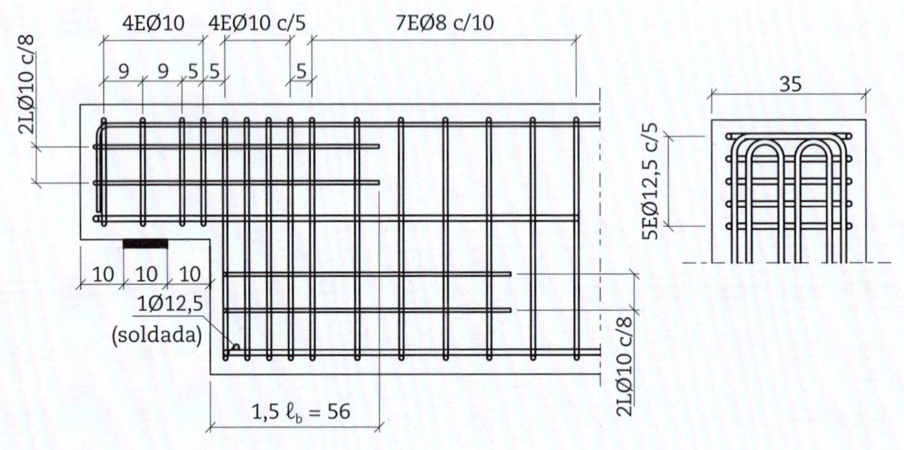

Fig. 7.9 *Detalhamento do dente Gerber*

NÓ DE PÓRTICO

Os nós de pórtico ou as ligações entre vigas e pilares são regiões delicadas de uma estrutura de concreto.

Diversos ensaios com diferentes detalhamentos de armadura e diferentes esforços solicitantes mostram que o nó de pórtico tem grande potencial de ser o elo fraco da estrutura. Esses ensaios indicam que muitos detalhes, inclusive bastante utilizados no passado, têm resistência à flexão menor que as partes do pórtico (viga ou pilar).

Neste capítulo serão discutidos modelos e detalhes de armação para o caso mais crítico de variação brusca de seção, ou seja, o nó de pórtico de canto, em que nem viga nem pilar têm continuidade.

8.1 Nó de canto submetido a momento negativo

Os campos de tensões e o modelo de bielas e tirantes resultante de um nó de pórtico submetido a momento negativo, como mostrado na Fig. 8.1a, são relativamente simples de definir e mostrados na Fig. 8.1c.

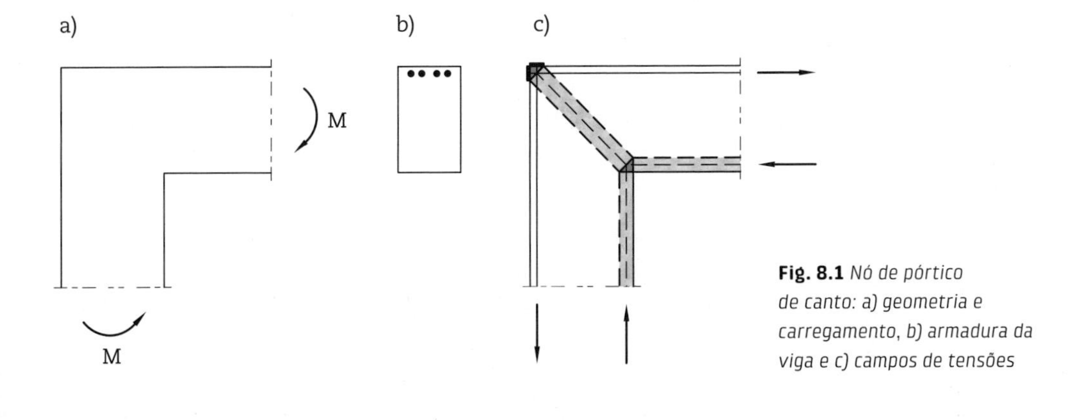

Fig. 8.1 *Nó de pórtico de canto: a) geometria e carregamento, b) armadura da viga e c) campos de tensões*

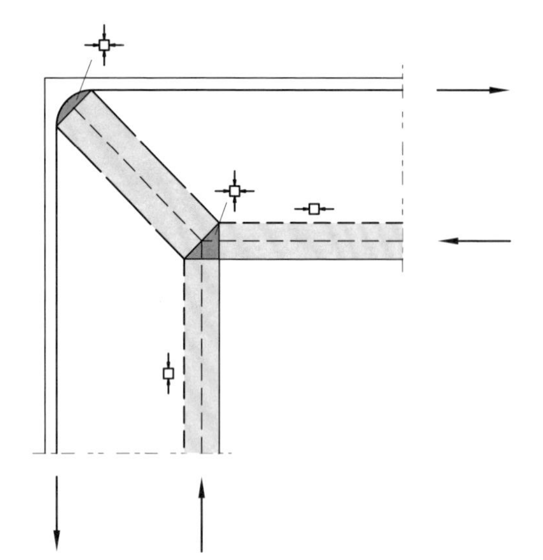

Fig. 8.2 *Campos de tensões em nó de pórtico "negativo" utilizando barra dobrada*

O desvio das forças de compressão no canto inferior produz uma resultante diagonal que é equilibrada pelo desvio das forças de tração no canto superior. Embora estaticamente correto, o modelo da Fig. 8.1c tem a desvantagem de usar placa para a ancoragem das armaduras provenientes do pilar e da viga, por conta do pequeno espaço para a ancoragem das barras, conforme discutido no Cap. 4.

A solução mais comum para nó de pórtico "negativo" é o uso de barra dobrada, conforme a Fig. 3.9. O campo de tensões do nó de pórtico utilizando barra dobrada é mostrado na Fig. 8.2.

Teoricamente, a zona entre a armadura e a diagonal comprimida é submetida a tensões biaxiais, pois a armadura é dobrada na forma de semicírculo. Para fins práticos, contudo, isso não é significativo (Muttoni; Schwartz; Thürlimann, 1997).

Em geral, a resistência do nó de pórtico submetido a momento negativo é satisfatória para taxas de armadura moderadas, bastando apenas definir um raio apropriado para as barras de aço. Para taxas de armadura elevadas, principalmente com armaduras em mais de uma camada, a resistência do nó CTT pode ser problemática e cuidados adicionais, como placas de ancoragem, podem ser necessários.

No caso em que o braço de alavanca da viga é diferente do braço de alavanca do pilar, o desvio da força é acompanhado por tensões de aderência entre a diagonal comprimida e a armadura. O equilíbrio do nó sem tensões de aderência só é possível para uma forma específica das barras que difere do formato circular. Segundo Muttoni, Schwartz e Thürlimann (1997), em condições extremas (por exemplo, inclinação pequena entre biela e tirante) isso pode levar a problemas.

Ensaios experimentais mostram que o diâmetro de dobramento das barras tem efeito significativo na resistência e na ductilidade de nó de pórtico. Wang et al. (2020) fizeram uma campanha experimental cujos ensaios tinham diâmetro de dobramento padrão e diâmetros até 3,6 vezes o padrão. Os corpos de prova com diâmetro de dobramento padrão romperam de forma frágil, com rupturas bruscas. Os espécimes com raios maiores que o raio padrão tiveram comportamento dúctil e melhor controle da fissuração na região.

Quando a inclinação entre o eixo da biela e o eixo horizontal é menor que 30° ou maior que 45°, o modelo de bielas e tirantes deve ser modificado para manter ângulos razoáveis. No caso usual de viga alta e pilar estreito, o modelo de treliça mostrado na Fig. 8.3 pode ser utilizado.

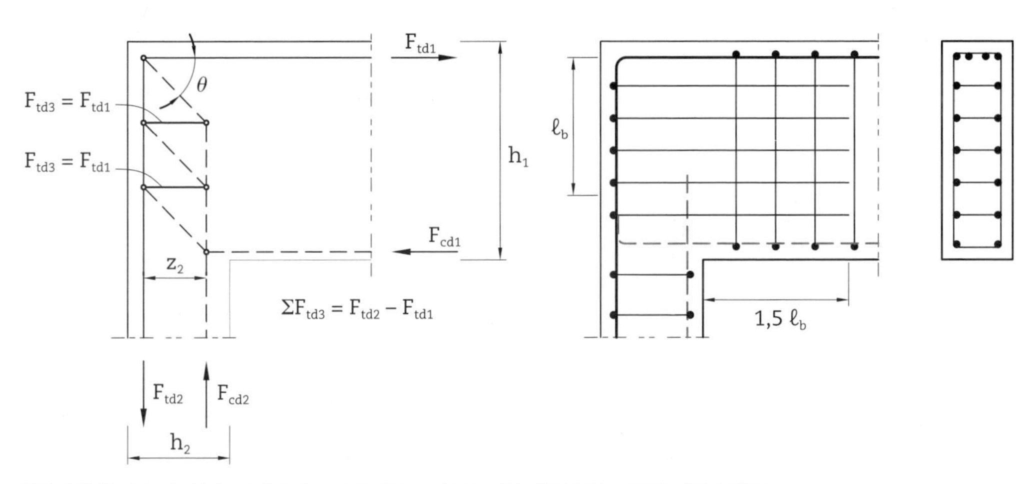

Fig. 8.3 *Modelo de bielas e tirantes para dimensões muito diferentes entre viga e pilar*

As armaduras horizontais ao longo da altura devem ser fechadas na extremidade da viga, ou seja, devem ser em laço.

Segundo Schäfer (2010b), no caso de lajes ou elementos planos com taxas de armadura leves a moderadas ($\rho \leq 0{,}4\%$, f_y = 500 MPa), o raio padrão pode ser utilizado, desde que a armadura seja em laços sobrepostos, como ilustrado na Fig. 8.4. Além disso, quatro barras de bitola superior à do laço devem ser colocadas em cada quina do nó.

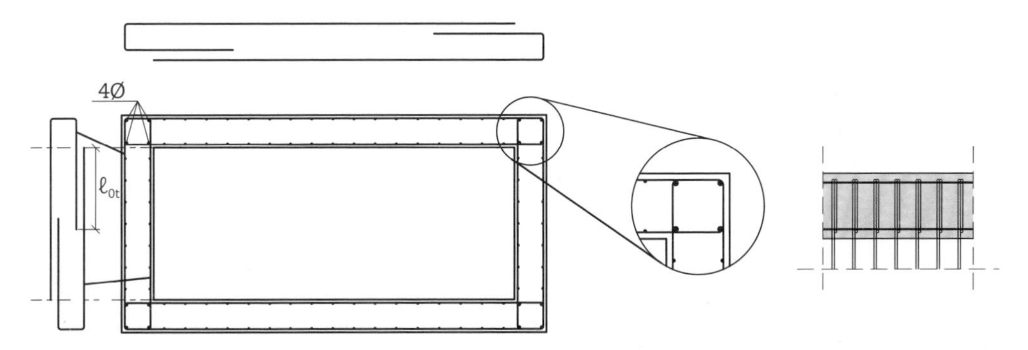

Fig. 8.4 *Exemplo de ligação parede-laje*

Alguns cuidados adicionais podem ser necessários para o bom comportamento do nó de pórtico. Raio muito grande pode resultar em cobrimento muito alto em relação à barra dobrada e uma armadura de proteção de canto, mais fina e com raio padrão, deve ser adotada. Além disso, Schäfer (2010b) alerta para a difusão das tensões radiais em virtude das barras dobradas. Se a viga tiver poucas barras com espaçamento grande entre elas, forças de tração no sentido transversal se tornam significativas e uma tela soldada ou algumas barras finas podem ser necessárias (Fig. 8.5).

A armadura transversal pode ser determinada adaptando a Eq. 2.2, de bloco parcialmente carregado.

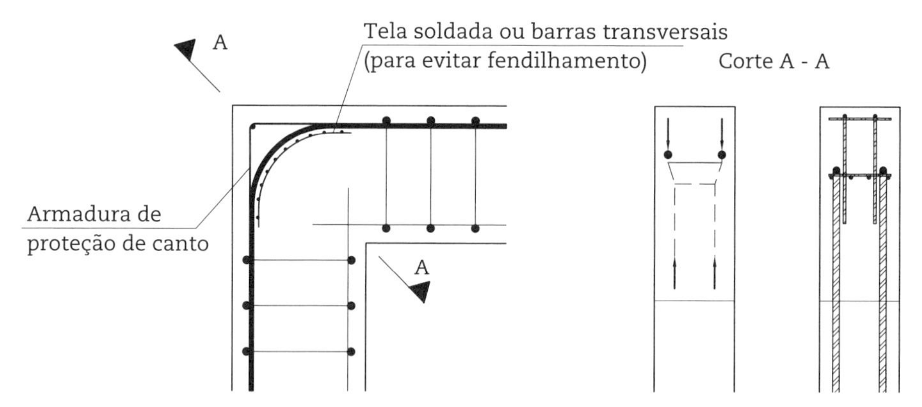

Fig. 8.5 *Sugestão de armadura secundária do nó de pórtico em situação de grande raio e barras principais muito espaçadas*

A NBR 6118 (ABNT, 2014, p. 145) estabelece que "o diâmetro interno de curvatura de uma barra da armadura longitudinal dobrada, para resistir à força cortante ou em nó de pórtico, não pode ser menor que 10Ø para aço CA-25, 15Ø para CA-50 e 18Ø para CA-60". No entanto, essa norma permite a redução desses diâmetros caso a solicitação de cálculo seja inferior ao esforço resistente, ou seja, se a armadura não estiver no seu limite de escoamento.

É perfeitamente viável reduzir esses diâmetros mínimos desde que a resistência do nó de pórtico seja avaliada corretamente. Entretanto, para nós de pórtico com alta concentração de armadura, em mais de uma camada, o diâmetro mínimo estabelecido pela NBR 6118 (ABNT, 2014) pode não ser suficiente.

8.2 Nó de canto submetido a momento positivo

O modelo de bielas e tirantes de um nó de pórtico submetido a momento positivo pode ser determinado de maneira análoga ao da Fig. 8.1, apenas invertendo as posições dos banzos comprimidos e tracionados. Na região de ligação, nota-se que a diagonal muda de direção, como mostrado na Fig. 8.6.

Teoricamente, a armadura positiva teria apenas a largura do banzo comprimido como comprimento disponível para ancoragem, por isso o modelo da Fig. 8.6 só funciona com placa de ancoragem.

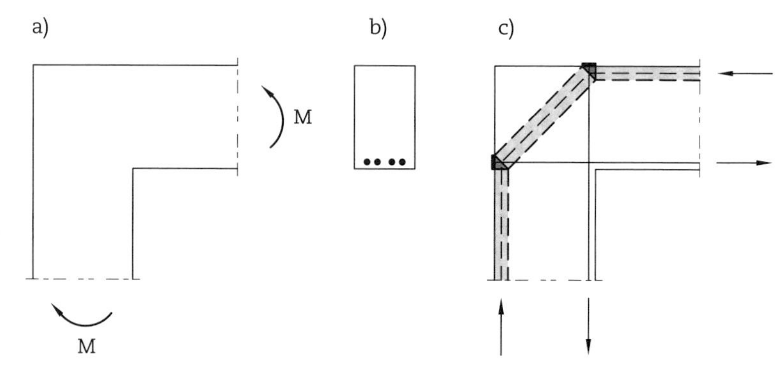

Fig. 8.6 *Nó de pórtico de canto: a) geometria e carregamento, b) armadura da viga e c) campos de tensões*

Diversos ensaios experimentais mostram que vários tipos de detalhes de nó de pórtico submetido a momento positivo têm baixa eficácia, ou seja, a resistência da ligação (nó de pórtico) é menor que a resistência da viga ou do pilar. Campana (2013) selecionou ensaios experimentais disponíveis na literatura e os organizou conforme indicado na Fig. 8.7. São cinco grupos definidos pelo tipo de armadura de flexão e quatro subgrupos definidos pelas armaduras secundárias. Os resultados dos ensaios das 20 possíveis combinações são mostrados na Fig. 8.8.

Um parâmetro importante para analisar os ensaios é a taxa mecânica de armadura, que é determinada por:

$$\omega = \frac{A_s}{bd}\frac{f_y}{f_{cm}} = \rho\frac{f_y}{f_{cm}} \quad (8.1)$$

em que:

A_s é a área da armadura de flexão;

f_y é a tensão de escoamento da armadura de flexão;

b é a largura do elemento;

d é a altura útil;

f_{cm} é a resistência à compressão média dos corpos de prova cilíndricos de concreto.

A avaliação da *performance* mecânica dos ensaios é feita através da relação entre o momento fletor na ruptura (momento resistente, M_{test}) e o momento fletor resistente plástico (M_{flex}):

$$M_{flex} = \omega f_c bd^2\left(1 - \frac{\omega}{2}\right) \quad (8.2)$$

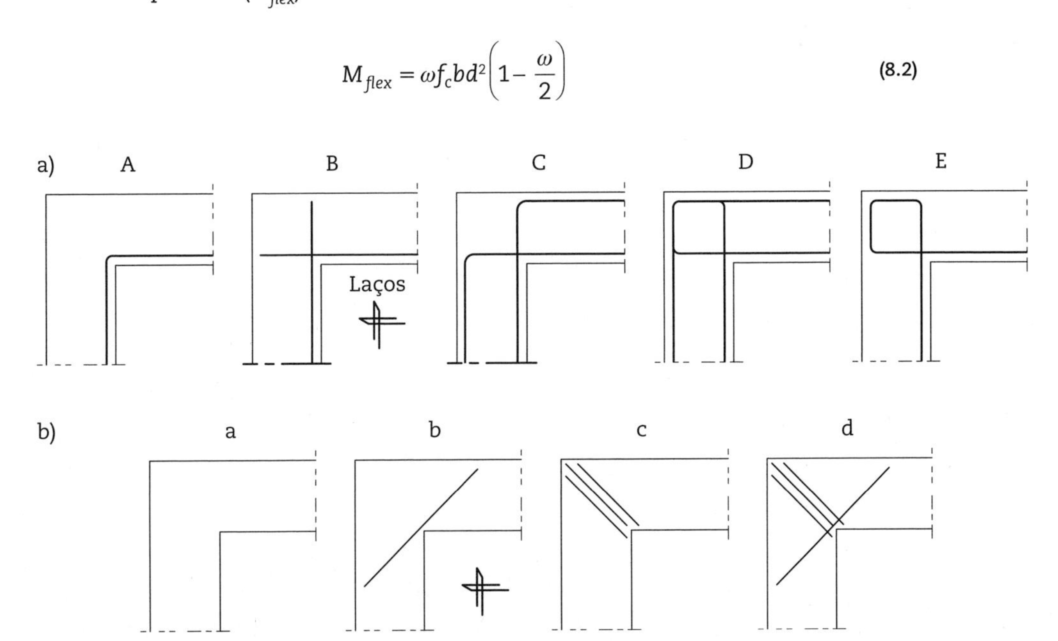

Fig. 8.7 *Tipos de detalhes selecionados a partir de ensaios experimentais: a) armadura de flexão e b) armadura secundária*

Fonte: adaptado de Campana (2013).

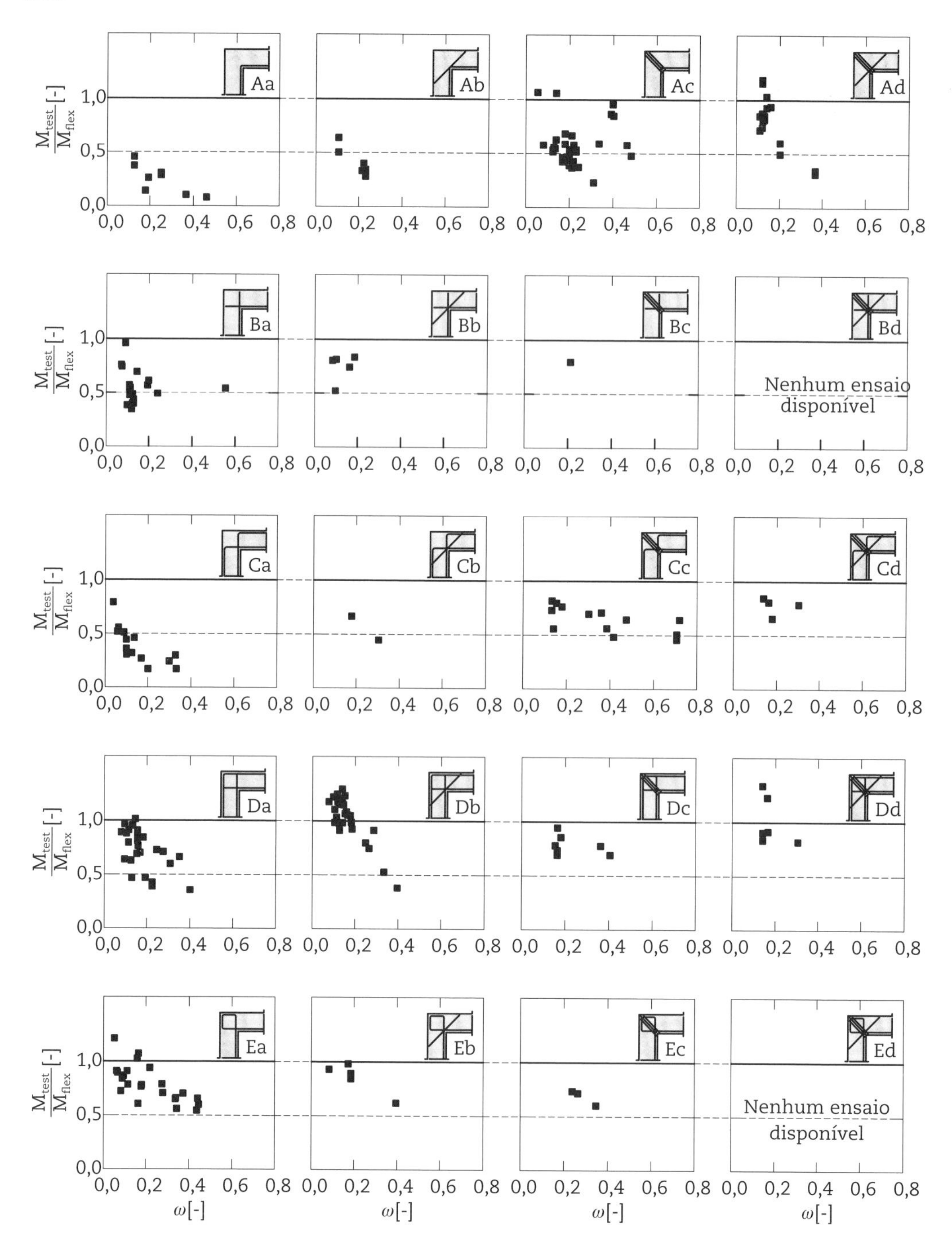

Fig. 8.8 *Resultados de ensaios experimentais de nós de pórticos submetidos a momentos positivos. Eficácia dos espécimes em função da taxa mecânica de armadura*

Fonte: adaptado de Campana (2013).

A análise dos resultados dos ensaios permite as seguintes considerações:

- A maioria dos detalhes não tem eficácia (M_{test}/M_{flex}) maior que 1, ou seja, o momento resistente do nó de pórtico medido no ensaio (M_{test}) é menor que o momento resistente do elemento (M_{flex}).

- A eficácia é reduzida com o aumento da taxa mecânica (ω).
- Alguns detalhes mostram uma eficácia bastante deficiente, evidenciando que o nó de pórtico submetido a momentos positivos é delicado.
- A *performance* (M_{test}/M_{flex}) dos nós de pórtico é melhorada pela adição de armadura secundária (detalhes b e d da Fig. 8.7b). Essa armadura permite, em princípio, um melhor controle da fissuração e um aumento da eficácia pelo desvio da biela na zona comprimida (Campana, 2013).

Uma maneira de melhorar o espaço para a ancoragem das armaduras principais da viga e do pilar é usar um modelo de duplo desvio da força de compressão através de armadura inclinada na quina inferior, como mostrado na Fig. 8.9. Isso é confirmado pela melhor *performance* dos ensaios do tipo *Db* em relação aos ensaios do tipo *Da* (Fig. 8.8).

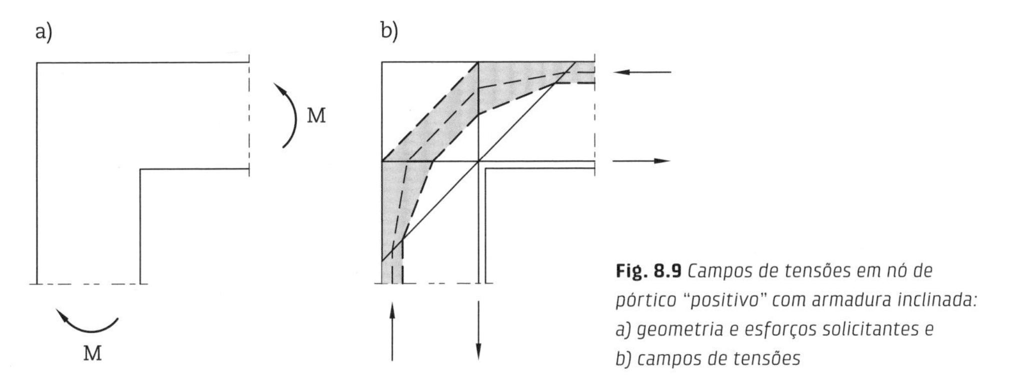

Fig. 8.9 *Campos de tensões em nó de pórtico "positivo" com armadura inclinada: a) geometria e esforços solicitantes e b) campos de tensões*

A ancoragem da armadura inclinada também é delicada e estribos nessa região são importantes. Ainda assim, somente armadura inclinada não é suficiente para uma eficácia maior que 1 (ver os ensaios do tipo *Bb*). É importante colocar a armadura em laço, conforme o detalhe D da Fig. 8.7, e, para taxas de armadura elevadas, acrescentar armadura secundária, conforme os ensaios do tipo *Dd*.

Schäfer (2010b) sugere que, para melhorar o comportamento, as armaduras principais devem ser prolongadas em forma de laço ou estribos inclinados devem ser adequadamente colocados (Fig. 8.10). Os estribos inclinados são ruins do ponto de vista construtivo. Os laços também são de difícil montagem, mas a não utilização de uma dessas duas medidas sugeridas por Schäfer (2010b) pode resultar em eficácia muito baixa. Ainda assim, somente o laço ainda não é suficiente para que o nó tenha resistência superior ou igual à da viga.

Os detalhes da Fig. 8.10 são de difícil execução. O ideal é fazer laços com diâmetro de dobramento padrão e com armaduras verticais e horizontais, associadas ou não à armadura inclinada.

Uma maneira de melhorar o arranjo de armadura e evitar desvios de forças concentradas é colocar armaduras verticais e horizontais distribuídas na região do nó de pórtico. A Fig. 8.11 mostra os campos de tensões e o modelo de bielas e tirantes resultante. Segundo Muttoni, Schwartz e Thürlimann (1997), dessa maneira a biela pode ser desviada continuamente.

No modelo dessa figura, as forças de tração na armadura começam a reduzir a partir do ponto de encontro das armaduras principais de viga e pilar.

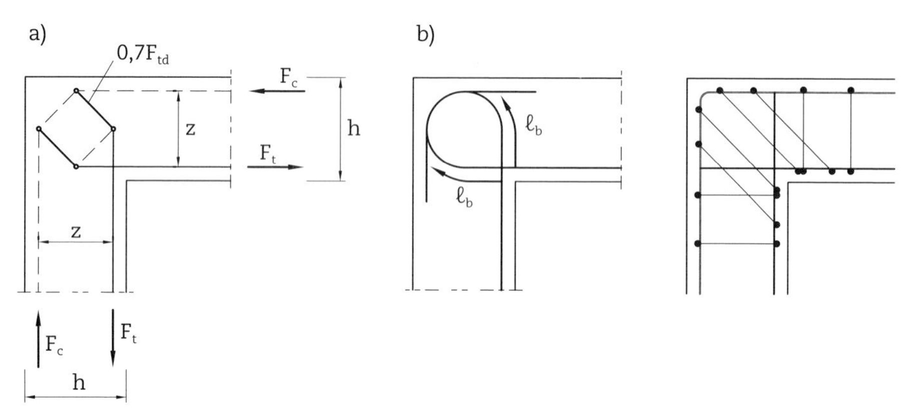

Fig. 8.10 *Ligação viga-pilar para momentos positivos moderados: a) modelo de bielas e tirantes e b) alternativas de detalhamento*
Fonte: Schäfer (2010b).

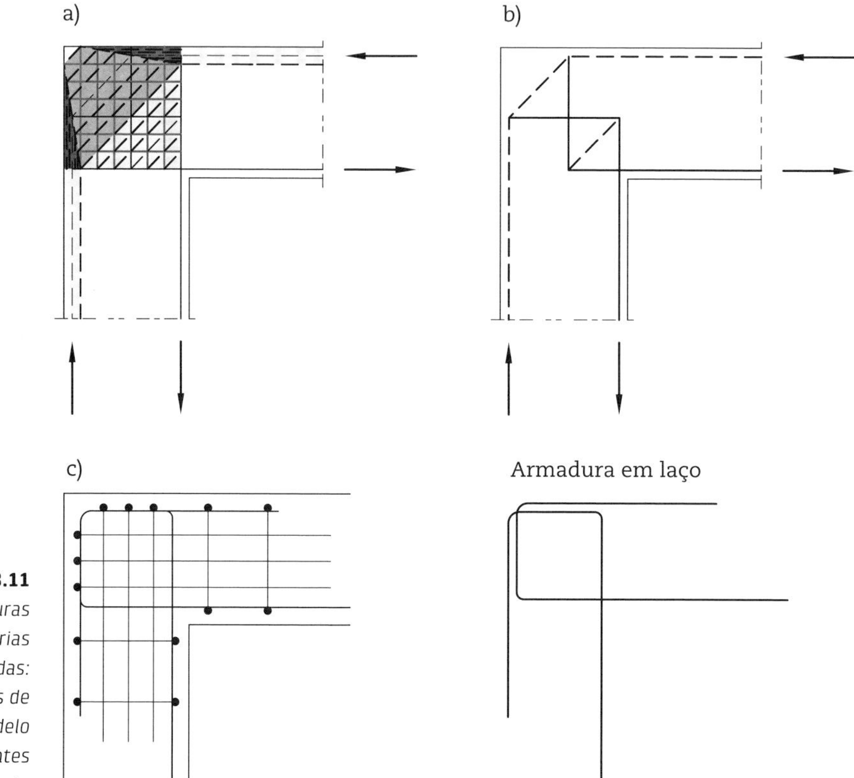

Fig. 8.11 *Armaduras secundárias distribuídas: a) campos de tensões, b) modelo de bielas e tirantes e c) detalhamento*

O anexo informativo do Eurocode 2 (CEN, 2004) propõe os detalhamentos mostrados nas Figs. 8.12 e 8.13. A sugestão de taxa de armadura que separa os dois detalhes e define o que é moderadamente tracionado e fortemente tracionado é $\rho = 2\%$.

Os resultados experimentais obtidos por diversos pesquisadores e compilados por Campana (2013) mostram que os detalhes da Fig. 8.12 não têm eficácia adequada mesmo para taxas de armadura menores que 2%. De modo a obter eficácia próxima de 100%, sugerem-se os detalhamentos das Figs. 8.14 e 8.15.

Os modelos de bielas e tirantes para os detalhes sugeridos são mostrados na Fig. 8.16.

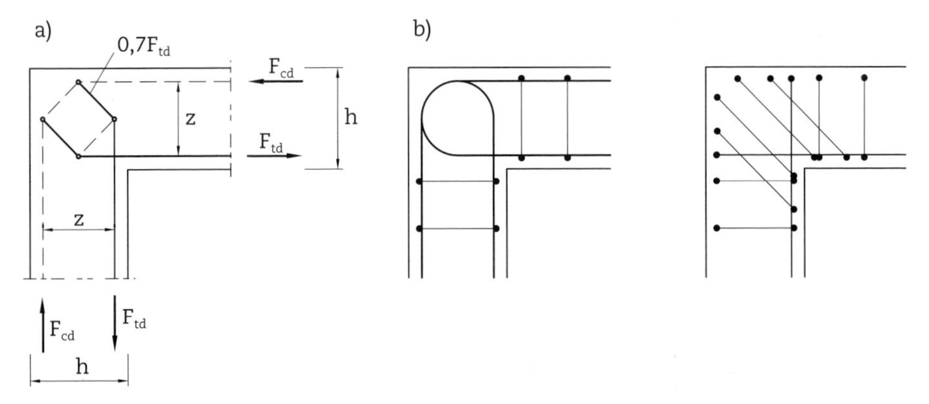

Fig. 8.12 *Nó de pórtico com a face interior moderadamente tracionada: a) modelo de bielas e tirantes e b) detalhe das armaduras*
Fonte: adaptado de CEN (2004).

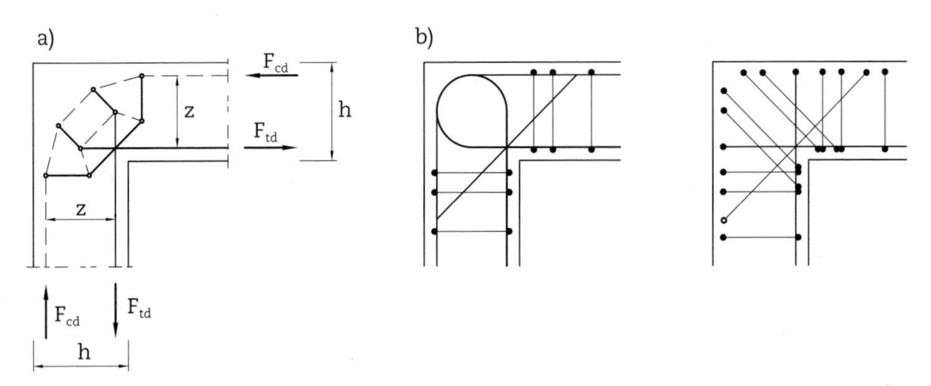

Fig. 8.13 *Nó de pórtico com a face interior fortemente tracionada: a) modelo de bielas e tirantes e b) detalhe das armaduras*
Fonte: adaptado de CEN (2004).

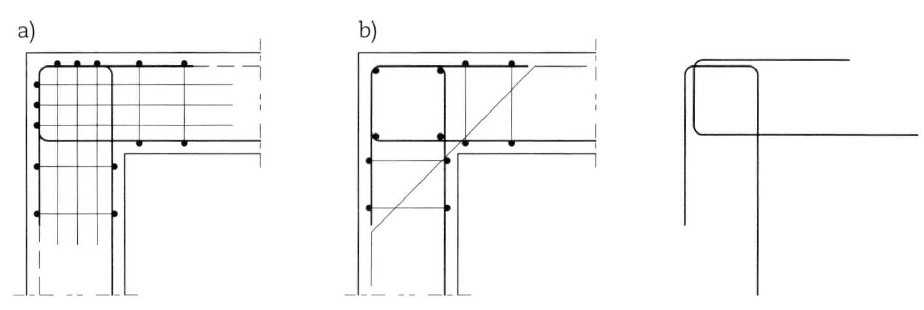

Fig. 8.14 *Detalhes sugeridos para taxa de armadura $\rho \leq 1\%$ (assumindo f_{yk} = 500 MPa e $f_{ck} \geq 25$ MPa): a) armadura secundária em laço e b) armadura secundária inclinada associada a quatro barras transversais nas quinas do laço principal*

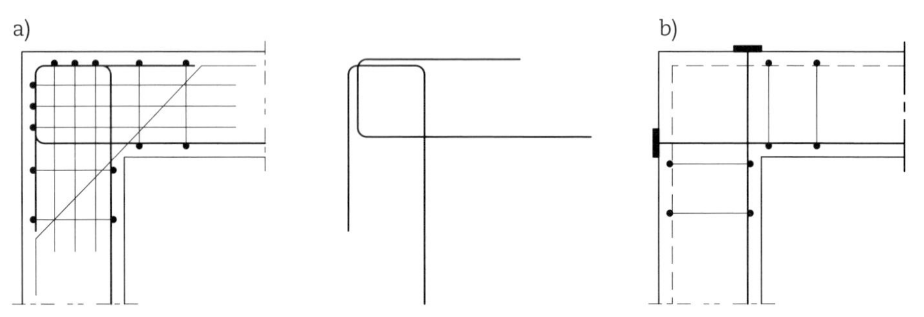

Fig. 8.15 *Detalhes sugeridos para taxa de armadura $\rho > 1\%$ (assumindo f_{yk} = 500 MPa e $f_{ck} \geq 25$ MPa): a) armadura secundária em laço associada à armadura diagonal e b) placas de ancoragem*

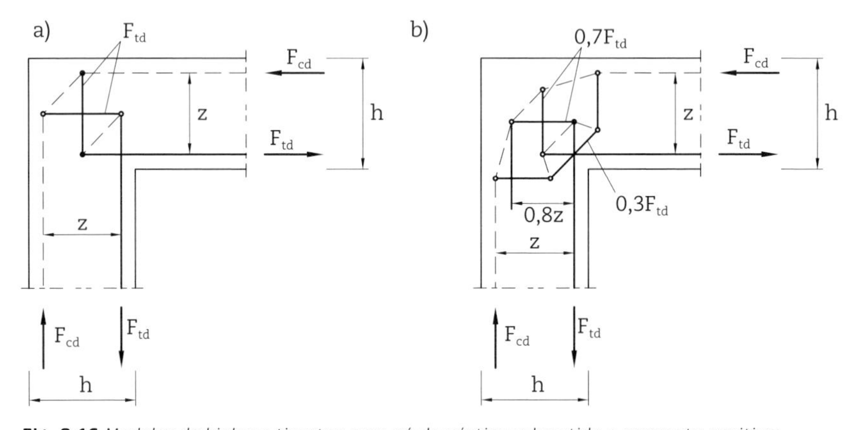

Fig. 8.16 *Modelos de bielas e tirantes para nó de pórtico submetido a momento positivo: a) $\rho \leq 1\%$ e b) $\rho > 1\%$*

REFERÊNCIAS BIBLIOGRÁFICAS

ABNT – ASSOCIAÇÃO BRASILEIRA DE NORMAS TÉCNICAS. *NBR 5738*: concreto – procedimento para moldagem e cura de corpos de prova. Rio de Janeiro, 2015. 9 p.

ABNT – ASSOCIAÇÃO BRASILEIRA DE NORMAS TÉCNICAS. *NBR 5739*: concreto – ensaios de compressão de corpos de prova cilíndricos. Rio de Janeiro, 2018. 9 p.

ABNT – ASSOCIAÇÃO BRASILEIRA DE NORMAS TÉCNICAS. *NBR 6118*: projeto de estruturas de concreto – procedimento. Rio de Janeiro, 2014. 238 p.

ABNT – ASSOCIAÇÃO BRASILEIRA DE NORMAS TÉCNICAS. *NBR 9062*: projeto e execução de estruturas de concreto pré-moldado. Rio de Janeiro, 2017. 86 p.

ALCOCER, S. M.; URIBE, C. M. Monolithic and Cyclic Behavior of Deep Beams Designed Using Strut-and-Tie Models. *ACI Structural Journal*, v. 105, n. 3, p. 327-337, 2008.

BOSC, J. L. *Dimensionnement des constructions selon l'Eurocode 2 à l'aide des modèles bielles et tirants*: principes et applications. Paris: Presses de L'École Nationale des Ponts et Chaussées, 2008.

BREÑA, S. F.; ROY, N. C. Evaluation of Load Transfer and Strut Strength of Deep Beams with Short Longitudinal Bar Anchorages. *ACI Structural Journal*, v. 106, n. 5, p. 678-689, 2009.

CAMPANA, S. *Éléments en béton armé soumis à une combinaison de flexion, effort tranchant et forces de déviation*. 162 p. PhD (Thesis) – EPFL, Lausanne, Switzerland, 2013.

CEB – COMITÉ EURO-INTERNATIONAL DU BÉTON. *CEB-FIP Model Code 1990*. Lausanne, 1993. 437 p.

CEN – EUROPEAN COMMITTEE FOR STANDARDIZATION. *Eurocode* 2: EN 1992-1-1 – Design of Concrete Structures – Part 1-1: General Rules and Rules for Buildings. Brussels, 2004. 225 p.

fib – FÉDÉRATION INTERNATIONALE DU BÉTON. *Bond and Anchorage of Embedded Reinforcement*: Background to the fib Model Code for Concrete Structures 2010. Lausanne, 2014. 161 p. (fib Bulletin, n. 72).

fib – FÉDÉRATION INTERNATIONALE DU BÉTON. *fib Model Code for Concrete Structures 2010*. Lausanne, 2013.

FINGERLOOS, F.; STENZEL, G. Konstruktion und bemessung von details nach DIN 1045. In: *Beton Kalender*. Berlin: Ernst & Sohn, 2007. Teil II, p. 325-374.

FIP – FÉDÉRATION INTERNATIONALE DE LA PRÉCONTRAINTE. *FIP Recommendations*: Practical Design of Structural Concrete. London: SETO, 1999. 113 p.

IBRACON – INSTITUTO BRASILEIRO DO CONCRETO. *ABNT NBR 6118:2014*: comentários e exemplos de aplicação. São Paulo, 2015.

JIRSA, J. O. et al. Experimental Studies of Nodes in Strut-and-Tie Models. In: IABSE COLLOQUIUM, Stuttgart, 1991. p. 525-532.

MARTI, P. *Theory of Structures*. Germany: Ernst & Sohn, 2013.

MATA FALCÓN, J.; FERNÁNDEZ RUIZ, M.; MUTTONI, A. Aplicación de modelos de campos de tensiones para el análisis en servicio y rotura de apoyos a media madera. In: ACHE INTERNATIONAL CONFERENCE ON STRUCTURES, 6. *Proceedings*... Madrid, Spain, 2014.

MUTTONI, A.; SCHWARTZ, J.; THÜRLIMANN, B. *Design of Concrete Structures with Stress Field*. Basel: Birkhäuser, 1997.

NIELSEN, M. P.; HOANG, L. C. *Limit Analysis and Concrete Plasticity*. 3rd ed. Boca Raton: Taylor & Francis, 2011.

REINECK, K. H. Modellierung der D-bereich von Fertigteilen. In: *Beton Kalender*. Berlin: Ernst & Sohn, 2005. Teil II, p. 243-296.

SANTOS, D. M.; STUCCHI, F. R. Dimensionamento de consolos de concreto com o auxílio de modelos de bielas e tirantes – parte II: prescrições normativas, detalhamento e aplicações. *Revista Téchne*, v. 193, 2013.

SCHÄFER, K. Nodes. In: fib – FÉDÉRATION INTERNATIONALE DU BÉTON. *Structural Concrete*: Textbook on Behaviour, Design and Performance. 2nd ed. Lausanne, 2010a. v. 2. (fib Bulletin, n. 52).

SCHÄFER, K. Deep Beams and Discontinuity Regions. In: fib – FÉDÉRATION INTERNATIONALE DU BÉTON. *Structural Concrete*: Textbook on Behaviour, Design and Performance. 2nd ed. Lausanne, 2010b. v. 4. (fib Bulletin, n. 54).

SCHLAICH, J. The Need for Consistent and Translucent Models. In: IABSE COLLOQUIUM ON STRUCTURAL CONCRETE. *Proceedings*... 1991. v. 62.

SCHLAICH, J.; SCHÄFER, K. Design and Detailing of Structural Concrete Using Strut--and-Tie Models. *The Structural Engineer*, v. 69, n. 6, p. 113-125, 1991.

SCHLAICH, J.; SCHÄFER, K. Modellierung der D-bereich von Fertigteilen. In: *Beton Kalender*. Berlin: Ernst & Sohn, 2001. p. 311-492.

SCHLAICH, J.; SCHÄFER, K.; JENNEWEIN, M. Toward a Consistent Design of Structural Concrete. *PCI Journal*, v. 32, n. 3, p. 75-150, 1987.

SIA – SOCIÉTÉ SUISSE DES INGÉNIEURS ET DES ARCHITECTES. *SIA 262*: construction en béton. Norme Suisse SN EN 505 262. Zürich, 2003. 94 p.

STEINLE, A.; BACHMANN, H.; TILLMANN, M. *Precast Concrete Structures*. 2nd ed. Berlin: Ernst & Sohn, 2019.

WANG, H. C. et al. Effect of Bend Radius of Reinforcing Bars on Knee Joints Under Closing Moments. *ACI Structural Journal*, v. 117, n. 5, p. 315-326, 2020.

ZILCH, K.; ZEHETMAIER, G. *Bemessung im konstruktiven Betonbau*: nach DIN 1045-1 (Fassung 2008) und EN 1992-1-1 (Eurocode 2). 2. Auflage. Springer-Verlag Berlin Heidelberg, 2010.